中国地质调查"121201011000150022"项目资助

坡沟系统水蚀过程调控措施的作用机理研究

于国强　李占斌　李　鹏　张　霞　著

科学出版社

北　京

内 容 简 介

本书详细论述了坡沟系统条件下植被对坡面水蚀的调控作用，以及流域和坡沟系统尺度下重力侵蚀发生发展过程机理等问题。全书共 6 章，主要包括不同植被类型坡面径流侵蚀产沙试验研究、植被对坡面径流侵蚀产沙过程调控试验研究和重力侵蚀数值模拟及调控机理研究等内容。除了系统介绍国内外的最新进展外，还着重介绍了作者近年来的研究成果。

本书可供水文水资源、水土保持、土壤学、环境科学等专业的科研人员、工程技术人员和高等学校师生阅读和参考。

图书在版编目（**CIP**）数据

坡沟系统水蚀过程调控措施的作用机理研究 / 于国强等著. —北京：科学出版社，2017.6

ISBN 978-7-03-053230-5

Ⅰ.①坡… Ⅱ.①于… Ⅲ.①黄土高原—水蚀—研究 Ⅳ.① S157.1

中国版本图书馆 CIP 数据核字（2017）第 128430 号

责任编辑：张井飞 / 责任校对：张小霞
责任印制：肖　兴 / 封面设计：耕者设计工作室

科学出版社 出版
北京东黄城根北街 16 号
邮政编码：100717
http://ww.sciencep.com

中国科学院印刷厂 印刷
科学出版社发行　各地新华书店经销

*

2017 年 6 月第 一 版　开本：720×1000　1/16
2017 年 6 月第一次印刷　印张：11
字数：211 000

定价：**118.00 元**
（如有印装质量问题，我社负责调换）

前　　言

　　黄土高原地区是目前世界上土壤侵蚀强烈、侵蚀危害严重的地区之一，严重的水土流失不仅恶化了生态环境，造成贫困，制约了社会经济的可持续发展，而且大量流失泥沙淤积在干支流河道，给黄河中下游劳动人民的生命财产安全带来了极大的隐患。因此，深入开展黄土高原土壤侵蚀机理的研究，从坡面系统出发，开展坡面植被不同配置对侵蚀产沙变化规律研究，以及坡沟系统和流域重力侵蚀的分布规律研究，对于深入认识植被对水土流失的调控机理，正确评价淤地坝植被减蚀作用，进一步明确小流域坡沟治理的重点和关键，制定科学的水土流失调控策略，减少入黄泥沙有重要的科学意义和现实意义。坡沟系统水力侵蚀是流域土壤侵蚀的重要组成部分，其发生发展过程是土壤侵蚀动力机制研究的核心内容，也是流域水土流失防治和土壤侵蚀模型建立的关键；随着土壤侵蚀过程研究的深入，揭示坡沟系统水蚀过程及重力侵蚀的发生发展机理，阐明主要水土保持措施对坡沟系统水蚀及重力侵蚀的调控作用机理，提出合理的调控方法，是目前土壤侵蚀研究关注的焦点之一。

　　本书以黄土高原坡沟系统和小流域为研究对象，采用室内外模拟降雨试验与数值模拟相结合的方法，系统研究了植被对坡面水蚀的调控作用，初步揭示了坡沟系统水蚀过程与重力侵蚀发生发展过程机理，定量分析了裸露坡面降雨入渗、产流、产沙的主要特征及其影响因素，研究了不同植被类型对坡面降雨侵蚀产沙过程的调控机理及其差异；阐明了坡沟系统和小流域等尺度上重力侵蚀发生的空间分异特征及发生机理，揭示了主要工程措施（淤地坝）和生物措施（植被）对重力侵蚀的调控机制。为黄土高原流域土壤侵蚀预报模型的建立提供过程机理认识，为坡沟系统、小流域水土保持措施的合理配置提供科学依据。

　　全书所有成果由国家自然科学基金项目（41330858、41530640、41471226、41302224）、陕西省自然科学基金项目（2014KJXX-20）、中国地质调查局地质调查项目（1212010110000150022）共同资助完成。

　　全书大纲由李占斌、于国强共同商定，由于国强、李鹏、张霞执笔并负责修改、校对，由李占斌、李鹏对全书进行审阅并提出修改意见。第 1 章由李占斌、李鹏、张霞撰写；第 2 章由张霞、澹台湛、李鹏、王利军撰写；第 3 章由贾莲莲、于国强、澹台湛、刘瑞霞撰写；第 4 章由于国强、张霞、李占斌撰写；第 5 章由张霞、贾莲莲、于国强撰写；第 6 章由于国强、李鹏、张霞撰写。

　　感谢中国地质调查局西安地质调查中心博士后合作导师张茂省研究员、中心主任李文渊研究员、副总工程师侯光才研究员、水环处处长朱桦书记，在西安中心工作之际给我的热心指导，为我排忧解难，解决我的后顾之忧。在成书的过程中，西安理工大学鲁克新、陈磊、高海东、侯精明、徐国策、程圣东、邹兵华提出了宝贵的修改意见，在此表示感谢。

由于作者水平有限，书中难免出现疏漏之处，恳请读者批评指正。

于国强

2016 年 11 月 14 日于西安

目　　录

第1章 绪 论

1.1 研究背景及意义

黄土高原地区是目前世界上土壤侵蚀强烈、侵蚀危害严重的地区之一，严重的水土流失不仅恶化了生态环境，造成贫困，制约了社会经济的可持续发展，而且大量流失泥沙淤积在干支流河道，给黄河中下游劳动人民的生命财产安全带来极大的隐患。随着西部大开发战略的深入实施，国家明确将黄土高原水土保持作为国家生态环境建设重点，提出以水土保持生态修复为核心治理水土流失和生态环境的新思路，并实施启动了黄土高原水土保持生态建设的宏大工程。以梯田坝系建设和大规模退耕还林还草等措施为主的水土保持生态环境建设使黄土高原水土流失环境不断发生变化。因此，深入开展黄土高原土壤侵蚀机理的研究，从坡面系统出发，开展坡面植被不同配置对侵蚀产沙变化规律研究，以及坡沟系统和流域重力侵蚀的分布规律研究，对于深入认识植被对水土流失的调控机理，正确评价淤地坝植被减蚀作用，进一步明确小流域坡沟治理的重点和关键，制定科学的水土流失调控策略，减少入黄泥沙有重要的科学意义和现实意义。

坡沟系统是黄土高原流域的基本组成单元，其侵蚀产沙规律的研究是认识流域产沙机制、调控流域泥沙来源和水土流失区生态环境恢复重建的关键科学问题，也是建立水土流失预报模型、评估流域水土流失环境、预测其发展趋势的关键和难点。坡沟关系紧密联系着三方面的内容，即坡沟系统土壤侵蚀规律、流域侵蚀产沙过程的调控方略和流域水土流失治理措施的配置，核心是揭示坡沟系统侵蚀产沙过程机理及坡沟关系，为水土流失治理提供理论依据。

长期以来，围绕以治坡为主还是以治沟为主的争论实质反映了土壤侵蚀规律研究的薄弱。坡沟系统是联系坡面和流域的关键，随着土壤侵蚀研究的不断深入，人们逐渐认识到坡面与沟坡在流域暴雨汇流与产沙过程中是不可分割的整体，坡面和沟坡林草措施在坡沟侵蚀防治中起着重要作用，而破坏植被、不合理开垦等人为活动对坡沟系统土壤侵蚀过程起着加剧作用。随着西部大开发战略的实施，黄土高原地区正在积极推行退耕还林还草措施，生物措施在防治水土流失方面的作用越来越受到人们的重视。对于水资源极其缺乏的黄土高原地区，必须充分认识到生态环境和水资源关系的差异性和适应性，不能违背水资源规律和生态规律，要"量水而行"，不宜盲目地植树造林，植被的恢复和重建应成为生态环境建设的一个主要部分和最佳选择。有限的水资源只能供养一定量的植被，这些植被在坡沟系统中如何配置，则是一个涉及水资源、土壤侵蚀过程调控和土地生产力发展的复杂问题。有限植被在坡沟系统中如何配置才能起到最有效的水土流失调控作用，由于认识过程和研究手段方面的原因，对坡面系统中植被分布对水土流失调控作用机理的研究相对较少。

黄土高原有大小沟壑 27 万多条，沟壑纵横，支离破碎，沟壑密度为 3～5km/km^2，沟壑面积占土地总面积的 20%～40%。小流域是黄土高原生态环境恢复重建与治理的基本单元，其侵蚀产沙规律和水土流失防治一直是土壤侵蚀与水土保持学界研究的重点。从 20 世纪 70 年代开始，我国水土保持工作正式提出以小流域为单元，全面规划，因地制宜，坡沟兼治，综合治理。以小流域为单元的水土保持综合治理，不但对治理水土流失有重要作用，而且对改善生态环境、改变农业生产条件、发展农村经济也是一项行之有效的重要措施。水土保持措施是小流域水土保持综合治理技术的一个重要组成部分。80 年代以来，我国小流域水土保持综合治理技术日趋成熟，在小流域治理的目标上，从最初的以治坡为主或以治沟为主发展到坡沟兼治；从以工程或植物措施为主发展到工程、植物、耕作等措施综合治理。治理水土流失的三大措施为生物措施、耕作措施和工程措施。淤地坝系作为黄土高原地区一项防止水土流失、充分利用水沙资源、变害为利、变荒沟为良田的主要工程措施，是利用水土流失的自然过程，其集大面积上的水、沙、肥在小块坝地上使用，从而获得高产稳产的农田，深受黄土高原地区群众的喜爱，其地位和作用是任何一项水土保持措施都难以替代的。同时淤地坝可以迅速拦截入黄泥沙，减少河道淤积，又为水利部门所关注。淤地坝有机地统一了当地致富和治河的关系，受到了各方面的高度重视。

随着西部大开发的开展，黄土高原地区经济建设活动加速，滑坡侵蚀有日益加剧的趋势，目前国内外有关淤地坝的研究集中在淤地坝优化布局、坝系相对稳定、淤地坝减水减沙效益和生态环境效应等工程措施方面。为了建设良好的生态环境，防止滑坡侵蚀发生，必须加强重力侵蚀的研究；随着黄土高原小流域坝系建设的广泛开展，迫切需要进一步加强对淤地坝基础科学问题的研究和认识。因此，开展坡沟系统、流域重力侵蚀分布规律，以及淤地坝植被措施减缓重力侵蚀发生机理等方面的研究，可为水土保持工程措施配置和生物措施的开展提供有益的参考，为推动坡沟、流域侵蚀产沙时空规律研究的深入发展，以及水土流失综合治理和生态环境建设提供科学依据。

本书从以上几个方面考虑，利用模拟降雨试验，通过野外实地坡面和室内坡面模型，探讨不同植被类型和不同植被格局对坡面侵蚀产沙特征的影响，阐明坡面侵蚀产沙时空分布规律，以期进一步揭示坡面植被盖度及其空间配置的减蚀机理，为黄土高原流域土壤侵蚀预报模型提供理论基础，为流域水土流失调控决策提供科学依据。选择黄土高原丘陵沟壑区典型小流域作为研究对象，采用数值模拟方法对坡沟系统及小流域重力侵蚀的分布规律进行研究，分析侵蚀基准面不同抬升高度对坡沟系统稳定性及重力侵蚀的影响，阐明坡沟系统及小流域重力侵蚀的破坏部位和破坏机理，探索淤地坝、植被措施减蚀作用机制。以期为评价坡沟系统的稳定性提供可靠的理论依据，对黄土高原水土流失治理规划和措施配置有重要意义，为流域土壤侵蚀预报模型的发展提供科学依据，为坡沟系统、小流域水土保持工程措施的配置及生物措施的开展提供有益参考，为推动侵蚀产沙时空规律研究的深入发展和水土流失综合治理提供科学依据。

1.2 国内外研究进展

1.2.1 坡面侵蚀产沙研究进展

坡面是侵蚀发生最基本的单元，也是流域最基本的组成单元之一，山地丘陵区的人类活动主要集中在坡面上，对于侵蚀过程的研究往往从坡面开始。坡面侵蚀类型包括雨滴击溅侵蚀、面蚀、细沟侵蚀、浅沟侵蚀、切沟侵蚀。整个坡面的侵蚀发展过程基本上由上述几个相互嵌套的过程组合而成（郑粉莉和高学田，2000）。Foster 等（1984）将坡面侵蚀分为细沟间侵蚀和细沟侵蚀两部分。细沟间侵蚀过程包括雨滴打击地表引起的溅蚀过程和地表薄层水流对土壤颗粒的分散和输移过程（称为片蚀）。整个坡面的侵蚀发展过程基本上是由这些侵蚀过程相互嵌套的过程组合而成的。坡面侵蚀过程的研究就是对上述各个过程发生发展的规律进行定量分析，了解其在坡面侵蚀产沙中的作用，以及各种影响因素对整个侵蚀过程和侵蚀结果的作用。对其侵蚀现象与规律的探究，历来为黄土高原环境整治中理论性与实践性均很强的重要科学命题。但是由于缺乏侵蚀过程定量和坡沟泥沙来源辨识手段，坡沟侵蚀产沙的研究一直停留在定性描述阶段。

傅伯杰等（1999）在不同时期，曾就黄土高原土壤侵蚀类型和侵蚀分区等问题进行过深入细致的研究。承继成（1965）和陈永宗（1988）等，曾就黄土区土壤侵蚀方式和侵蚀形态的垂直分带性规律进行过不同程度的分析和讨论。在随后的研究中，他进一步认为坡地流水作用是一个十分复杂的问题，它取决于坡形、坡长、地表抗蚀强度、地表径流强度、降雨特征等诸多因素。唐克丽（1983）总结归纳前人的研究成果，并结合"七五"工作实践，深入、系统地论述了黄土高原地区土壤侵蚀的区域特征。这些研究结果大大深化了人们对于黄土高原侵蚀环境及其土壤侵蚀区域分异规律的认识，尤其是清楚地为我们展示了坡面土壤侵蚀方式和侵蚀形态空间垂直分异的基本格局，为从定量和动力学角度研究坡沟关系和坡沟系统土壤侵蚀规律奠定了基础。

　　20 世纪 40 年代初，我国在甘肃天水建立水土保持试验站，开始坡沟系统土壤侵蚀的野外定位观测。但设备简陋，观测项目少，真正大规模地系统观测研究是在新中国成产后发展起来的。龚时旸和蒋德麒（1978），曾伯庆（1980）、徐雪良（1987）都进行了研究与分析。焦菊英和刘元保（1992）对不同估算方法的优劣进行了评价，并提出用系统法计算黄土丘陵区小流域沟间地与沟谷地的侵蚀产沙量，获得了一些有益的结论：首先，从侵蚀模数的比较可以看出，沟谷地的侵蚀强度一般大于沟间地。其次，就黄土台状地沟壑区而言，泥沙绝大多数来自于沟谷。就典型黄土丘陵沟壑区而言，如果沟谷地和沟间地面积相近，则泥沙主要来自于沟谷地；如果沟间地面积比沟谷地大得多（如团山沟），则泥沙大部分来自沟间地。齐矗华（1991）根据调查资料推测，黄土长坡丘陵（山地）沟壑区，沟间地侵蚀总量可能大于沟谷地侵蚀总量。再次，如果不受上坡或塬面来水来沙的影响，沟谷的侵蚀强度将大大降低。陈浩（1992）结合离石羊道沟观测资料和室内模拟试验结果，也强调了上部来水来沙的影响对整个坡沟系统产流产沙过程的强化作用。陈浩（1992）通过建立实体模型，研究了上坡来水对不同坡段产沙地贡献，结果表明，有无上坡来水各坡段产沙量呈明显差异，上坡来水对坡段产沙地贡献很大，由于上坡来水的作用，梁峁坡的产沙量增大了 20.2%~63.5%，谷坡的产沙量增大了 42.9%~74.5%。破坏植被、不合理开垦等人为活动加剧了坡沟系统土壤侵蚀过程。唐克丽（1983）通过对杏子河流域的考察指出，沟谷陡坡的毁林开荒是该流域土壤侵蚀加剧的重要原因。唐克丽（1983）还在子午岭林区长期设站观测，研究植被恢复前后的土壤侵蚀特点，指出唯有当沟谷植被破坏殆尽时，其侵蚀强度才将超过坡面的侵蚀强度，可见植被抑制侵蚀作用之显著。

　　国际土壤侵蚀研究迄今已有一百多年的发展历史，德国土壤学家 Wallny（1977~1895 年）完成了第一批土壤侵蚀小区观测试验。其间经历了 3 个主要发展阶段：20 世纪 20 年代以前，以定性描述为主要特征的土壤侵蚀宏观规律的观察与认识时期；20~60 年代，以定位观测和定量表达为标志，通用土壤流失方程式及各种经验关系方程的建立及应用发展时期；60 年代以后，特别是 80 年代以来，以过程为目标，理论分析、试验模拟和数学模拟相结合的土壤侵蚀动力学机制的研究时期。

　　降雨产流后，径流顺坡向下运动，分别形成坡面流、细沟、浅沟流及沟道流等多种水流类型，在其作用下相应形成了片蚀、坡面沟蚀及沟道侵蚀等土壤侵蚀方式和类型。Horton（1945）最早从水文学角度对坡面流的特性进行了系统的定量研究。Foster 等（1984）曾通过不同条件下的试验研究和理论分析探讨过细沟流的流速和分布、水力半径和阻力系数的表达式。Govers（1992）根据野外调查和试验研究，建立了细沟流的流量、流速与过水断面面积间的关系。各种水流类型的产沙与输沙的力学特征一般包括泥沙的性质、分离作用及规律、泥沙运动形式、挟沙能力、输沙率、输移比等，还应研究降雨在产流产沙及输沙中的作用与特点。Horton 等（1934）最早把坡面流的侵蚀作用与水流的切应力联系起来。Nearing 等（1999）从这一角度进行了深入研究。Guy 等（1987）根据试验资料分析了降雨对坡面流输沙能力的影响。Julien 和 Simons（1986）运用量纲分析方法，建立了坡面流输沙能力的无量纲关系式。Lu 等（1988）通过试验分析了坡面流的泥沙运动方式。Foster 等（1984）曾分析过细沟流分离土壤的作用，他还认为，许多明渠流的输沙关系式可用来描述细沟流的输沙能力。

1.2.2　植被及不同格局对侵蚀产沙影响的研究

1.2.2.1　坡面地表植被对侵蚀产沙的影响研究

大量研究表明，植被是土壤侵蚀的重要影响因素，主要包括植被类型、植被覆盖度、植被枯枝落叶层，植被根系的影响也引起了很大的关注。植被的垂直结构、形态结构更是影响土壤侵蚀的重要因素（Wang and Liu，1999；Zhang and Liang，1996）。植被对降雨产沙量的影响已被广泛讨论，包括树枝截流、树干汇流减少雨滴击溅侵蚀、枯枝落叶吸收径流减少冲刷及树干和枯枝本身的机械阻挡作用等，可见植被对降雨侵蚀的影响是不可忽视的（焦菊英等，2003；方学敏等，1998；Williams and Berndt，1977）。植被除了自身对侵蚀有影响外，它们还通过与其他因素组合形成对侵蚀的不同影响。

良好的植被覆盖可以有效地抑制水土流失。首先，植被的冠层对降雨具有很好的截留作用，一方面减小了林下的径流量、减缓了径流速度，另一方面推迟了降雨时间和产流时间，缩短了林地土壤侵蚀的过程，使得侵蚀量大大减小。其次，良好的植被覆盖会在地表形成枯枝落叶层，保护地表免遭雨滴的溅击，降低发生侵蚀的概率，同时增加地表粗糙度，降低径流速度，减少泥沙的下移。同时植被还能固持和改良土壤，提高土壤的抗蚀性和抗冲性。根据汪有科（1994）利用泾河、北洛河、延河等 18 条流域的资料分析表明，当森林覆被率达 85% 以上时，减沙效益高于 90%；当森林覆被率达 95% 时，土壤侵蚀量接近于零（汪有科，1994）。并且森林流域的年径流量明显小于农地流域和半农半牧流域，森林植被在防治水土流失和水源涵养功能方面具有良好的效果（张建军等，2008）。对于坡面而言，植被覆盖度越高，近地表覆盖的数量越大，质量越高，对侵蚀的防治作用则越强；并且覆盖度越大，植被越完整，植被降低径流含沙率的作用越明显，径流含沙量也就越低（李鹏等，2006）。这是由于植被通过改变流域下垫面性质及降雨的再分配过程对径流过程产生影响（张志强等，2006）。此外，对不同土地利用方式下的径流量对比后发现农地产生的径流量最高（Nachtergaele et al.，2001），并有研究表明，黄土丘陵沟壑区土地利用格局的变化会明显改变该地区降雨-径流关系（Fu et al.，2000）。

根据全国各地区各种坡面不同植被类型设置的大量径流小区的观测资料表明，林草植被发挥了较好的水土保持作用，一般可以减少地表径流量50%以上，减少土壤冲刷量90%以上。黄土高原刺槐、柠条成林和沙打旺草地的连续观测结果表明，与荒坡相比，其径流量分别减少90.8%、91.1%和77.9%，泥沙量减少97.1%、99.6%和93.3%，效果十分显著（侯喜禄，1994）。但在植被建设中也存在诸多问题，如不合理的植被品种搭配导致达不到预期的效果。大量的研究表明，配置不合理的植被水土保持作用不及自然恢复或经合理配置下形成的植被，林草建设是水土保持植被建设的主要内容。林草的布局和配置是植被建设中首先要解决的问题（田均良等，2003；吴发启和刘秉正，2003）。相同盖度不同布局的林草对土壤侵蚀的影响差异很大。黄土高原虽然地域辽阔，但是资源匮乏，可利用土地较少，林草建设往往和经济建设存在用地矛盾。不合理的林草模式和土地利用格局不但起不到好的水土保持作用，而且占用土地，制约经济发展。另外，由于黄土高原地处干旱-半干旱地区，当地的年平均降水量只有200~600mm，且降水量在年际和年内不同季节的分布极不均匀。大规模植被建设与当地有限的水分供应条件形成了突出矛盾。研究表明，在当地人工建设的草地或者林地的土壤剖面上，都存在着由于植被对水分的强烈吸收而造成的水分陡降层——干化层（desiccation layer）。尽管不同植被类型下的土壤干化层有所不同，并且可以在生长休眠期得到一定程度上的恢复。但是，干化层的存在限制了植被根系的生理活动和生长发育，进而对植被地上部分的生长起到了制约作用，使得地上部分的生产力大大降低，加重了该区的生态环境负担。因此，合理、高效地利用有限的降水是该区植被恢复和建设需要解决的关键问题。

1.2.2.2　不同植被格局对侵蚀产沙的影响研究

经过多年的工作积累，人们在植被空间配置与侵蚀产沙关系等研究上已取得许多有价值的成果（陈浩，2000；李勉，2005），表明坡面和沟坡林草措施在坡沟侵蚀防治中起着重要作用，而破坏植被、不合理开垦等人为活动对坡沟系统土壤侵蚀过程起着加剧作用。植被与水土流失的关系一直是人们研究的重要内容。多数研究认为，增加植被覆盖是控制水土流失的重要举措，不同的植被类型及其搭配组合控制水土流失的效益不同，且荒地与植被会镶嵌构筑成水土流失的源-汇格局，合理地镶嵌格局可以保持水分、养分和植物种子，有利于植被的生长，进一步增强水土流失控制能力。这也说明要想有效控制水土流失，首先要合理地选择植物物种及其搭配，也要合理地设计植被空间分布格局。而植被与水土流失过程的关系随着尺度的不同又会发生变化，增加了其复杂性，构成了一个等级体系，要想达到有效控制水土流失的目的，必须从斑块、坡面到流域区域，甚至全球的尺度理解两者之间的相互作用机制。等级理论指出，高层次制约低层次，而低层次为高层次提供机制和功能（Wu，2000），各个层次之间相互联系、相互影响，因此，必须从上而下和自下而上地对植被土壤侵蚀整个层次体系深入探索才能真正理解两者的内在关系（徐宪立和马克明，2006）。然而迄今为止，坡沟系统中的植被配置方式对土壤侵蚀作用机制还没有一个较为完满的答案，原因之一是在植被空间配置方式与泥沙来源和输移过程、植被空间配置方式与坡沟产沙关系的影响及治理策略等一些基本问题上还需要进一步深入研究，以便更好地揭示坡沟系统中植被的水土保持作用机理。

唐克丽（1991）通过对杏子河流域的考察指出，沟谷陡坡的毁林开荒是该流域土壤侵蚀加剧的重要原因，还在子午岭林区长期设站观测，研究植被恢复前后的土壤侵蚀特点，指出唯有当沟谷植被破坏殆尽时，其侵蚀强度才将超过坡面的侵蚀强度。在坡面的不同部位，土壤侵蚀程度不同已被证明。例如，陈世宝等（2002）的研究认为，坡面中上部是侵蚀最严重的地带，坡下部居中，坡顶和坡底侵蚀较小（王允升和王英顺，1995）。王文龙等（2003）也认为单位面积与时间产流量排列为谷坡>梁峁坡下部>梁峁坡中部>梁峁坡上部。李勉（2005）通过室内放水试验研究了坡沟系统坡面不同草被覆盖度及空间配置下，坡沟系统侵蚀产沙过程及变化特征，结果表明，放水流量小时，覆盖度越高，侵蚀产沙量越小；坡面草被不同配置下的产沙量大小依次是坡上部>坡中部>坡下部；大流量时，不同草被覆盖度间的产沙量差异增大，不同草被空间配置下的产沙量变化规律不十分显著；坡沟产沙比随坡面草被覆盖度的增加呈指数增加趋势，大流量比小流量下增加的幅度快。从前人的研究结论可以看出，产沙量和产流量随植被面积的变化是比较复杂的。他们的研究结果显示，对于位于坡底的植被来说，在植被面积从80%减少到60%时，减流量会急剧减少，而在植被面积从20%减少为0时，会导致减沙量急剧减少。这一结论说明随着植被面积的减少，减流减沙的突变现象是存在的，这就意味着在确定区域植被恢复和重建的面积时存在最佳面积，使得最少的植被起到最大的水土保持作用。但是具体的植被面积的确定要根据当地的降雨条件、土壤状况、坡度和当地的社会经济等要素的综合情况来确定。坡面下部的植被在拦截径流泥沙方面都具有很大优势，在减流方面，位于坡面下部的植被比位于坡面上部的植被减流量平均增加约2.4倍；在减沙方面，位于坡面下部的植被比位于坡面上部的植被减沙量平均增加约2.8倍。这是因为在坡底的植被不但起着减少雨滴溅蚀的作用，而且对所有坡面产生的径流和泥沙都有拦截过滤的作用。而位于坡顶的植被仅仅起着减少雨滴溅蚀和对坡顶有植被区域产生的径流泥沙的拦截作用，对于坡下荒地的径流和泥沙没起任何作用（游珍等，2005）。植被在坡面上的分布方式和位置不同，是导致坡面土壤侵蚀差异的一个重要因素。水土保持林草配置体系的探讨也是植被格局的体现。此外，在植被面积与植被减流减沙效应上的对应关系的大量研究也表明，植被减少土壤侵蚀的作用并不随植被面积的增减而线性增减。卢金发和黄秀华（2003）的研究认为，对流域产沙量来说，当植被覆盖度从30%以上下降到30%以下时，产沙量会急剧增加，当植被覆盖度从70%以下上升到70%以上时，产沙量会急剧减少。罗杰斯和舒姆（1992）的研究也表明，在10%的坡面上，当植被覆盖度从43%减少到15%时，产沙量迅速增加，而当植被覆盖度减少到15%以下时，产沙量增长率显著减小。对于坡面侵蚀来说，植被的格局影响着植被对径流和泥沙的拦截能力和土地资源的合理利用方式。

植被覆盖度的增加会拦截降雨，降低降雨能量，进而减少降雨侵蚀力、覆盖度对土壤侵蚀的影响关系，有些用直线形式或指数形式来表达，很多研究也探讨了有效植被盖度的问题，认为只有达到一定盖度之后才能起到减缓土壤侵蚀的作用（Li et al., 2002）。大量研究表明，植被枯枝落叶层是控制土壤侵蚀的重要因素（Wang et al., 1993）。它覆盖在土壤表面形成保护层，保护土壤免受或减缓雨滴的直接打击以及对土壤的剥离；它还可以有效地拦截地表径流，减缓其流速，减弱其剥蚀能量，减少细沟或切沟侵蚀发生的机会。Li等（1991）、李勇（1995）较早开展了植被根系对土壤侵蚀影响的研究。植被从地上部分的冠层到地下部分的根系，都对水土流失有着直接或者间接的作用，实际上反映了植被的垂直结构对土壤侵蚀的影响。不同的植被类型有不同的分层结构，各个层次的形态等特征也有显著差异，进而对水土流失的影响会有不同。植被的存在往往影响侵蚀产沙过程，影响侵蚀运移的土壤颗粒组成。植被覆盖对泥沙的粒径分布有显著的影响，尤其在大雨强的降雨事件中更为明显。有植被覆盖的小区，雨滴是主要的侵蚀因子，而对无植被覆盖的小区，雨滴和径流都是侵蚀的动力。Xu（2005）以黄土高原为例研究了降水-植被-侵蚀的关系，找出了对植被覆盖度和土壤侵蚀强度及其两者关系有很大影响的临界降水量，为植被恢复和生态建设提供了重要依据。

总之，经过多年的工作积累，人们在坡面、沟道侵蚀产沙和调控机理等方面的研究已取得了许多有价值的成果。但由于问题的复杂性，关于坡沟泥沙来源、坡面沟道产沙的耦合关系、植被空间配置方式及其对坡沟系统侵蚀产沙的影响机制缺乏系统、深入的定量研究。本书在已有研究的基础上，从揭示坡面侵蚀产沙机理及其调控机制出发，采用模拟降雨试验的方法，系统研究坡面植被类型、植被空间配置方式与侵蚀产沙来源与输移过程的响应机制，阐明坡面系统中植被配置对水土流失的调控机理，为小流域水土保持综合治理和措施的优化配置提供科学依据。

1.2.3 坡面侵蚀过程中地表糙度的影响研究

地表糙度作为地面主要的物理性状指标，是一个反映地表微地貌形态的阻力特征值（吕悦来和李广毅，1983）。对于不同学科表现出不同的含义。从水力侵蚀角度讲，地表糙度反映的是地表在比降梯度最大方向上凸凹不平的形态或起伏状况（吴发启等，1998；吴发启和赵晓光，2000）。可见，其对地表糙度的理解既包括了地表某点在垂直方向的高度，又包含了其在水平方向上的距离。若以某一坡度的光滑坡面为参照，同坡度地表糙度的变化既有其体积大小的变化，又有形状的改变，而且在某一时间段为"正地形"，在另一时间段却又变为"负地形"。在水力侵蚀过程中，这种变化既与雨前的糙度有关，又受降雨、径流、坡度、土壤等因素的影响。为了对地表糙度进行定量化研究，李振山和陈广庭（1997）将地面粗糙度划分为沙质粗糙度、动力粗糙度、植被粗糙度、复杂地面粗糙度和有效粗糙度。吴发启等（2000）通过室内试验及野外观测，分析得出：水力学中的糙率与地表糙度不是同一概念，它们之间的关系呈正比例。沈冰等也证实了这一观点，且为了区分这两个参数，称地表糙度为有效糙率。Romkens 和 Prasad（2001）将地表糙度概括为微地形变化、随机糙度（RR）、有向糙度和流域（地貌）级糙度四类。前三类地表糙度与土壤侵蚀关系非常密切，是土壤侵蚀研究的主要对象。

大量研究表明，地表糙度是影响坡面土壤侵蚀的主要因素之一，因此，长期以来受到国内外学者的普遍重视。Renard 等（1983）的研究表明，土壤表面条件或地表糙度是影响土壤侵蚀的主要因素之一。Rose 等（1983）也证实了这一观点，认为单位面积的径流，除与降雨强度、地面入渗率有关外，还取决于地块的长度、坡度和粗糙度以及水流本身的流态。吴发启等在总结前人研究成果的基础上，通过大量的室内外模拟降雨试验和糙度值的量测，考虑到地表糙度指标应反映出地表糙度伴随土壤侵蚀程度的变化，且便于在实际生产中应用，将地表糙度定义为：一定坡度下，一定质地土壤的坡耕地在团聚体大小或地表土块、作物种植、管理措施、雨滴击溅、径流冲刷等自然条件与人类活动影响下，地表呈现微小尺度上凹凸不平的状况。它是土壤耕作或压实、土壤侵蚀或泥沙沉积、地表凹陷或雨滴溅散及径流侵蚀搬运等因素共同作用的结果（Rose et al.，1983）。

地表糙度的影响因子有很多，如降雨强度、地表径流、土壤性质、地面入渗率等，但是这些方面的研究目前均未形成统一的研究结论，主要有以下几个方面。

1）降雨对地表糙度的影响

降雨的打击作用使地表的土粒破碎。因此，降雨一般使地表随机糙度值减小。Onstad（1984）研究表明，不同的糙度值是由不平的地表所致，而降雨击溅和径流的侧向流的共同作用可以改变耕地的地表状况。

2）土壤性质对地表糙度的影响

土壤性质对地表糙度的影响，主要体现在土壤含水量、土壤容重、土壤质地和土壤团聚体特征等方面。Lehrsch 等（1991）的研究证实，土壤含水量不但直接影响地表糙度，而且通过影响下渗而间接影响地表糙度。

3）耕作方式和机具对地表糙度的影响

耕作是地表糙度形成的主要原因之一，它的高低平缓与耕作方式和机具类型有关。Romkens 和 Prasad（2001）研究了凿式犁单耕、凿式犁＋圆盘耙复耕、凿式犁＋圆盘耙＋圆钉耙复耕对地表粗糙度的影响，结果证实，随着复耕次数的增加，地表糙度减小；凿式犁单耕产生的粗糙度最大，而凿式犁＋圆盘耙＋圆钉耙复耕的粗糙度最小。

总的来看，国内外学者已开展了耕作方式、土壤性质、作物种类和降雨因子对地表糙度影响的研究工作，并取得了较为丰硕的成果，但对某些问题上的认识仍存在着一定的分歧，如土壤容重对糙度的影响等，特别是尚未开展有关泥沙输移过程中地表糙度的变化方面的研究。

可以看出，地表糙度的概念虽早已提出，也作了一定的研究，但其对侵蚀机理的探究还不够深入，定量化水平也较低。另外，在坡面水土保持规划中，人们还是主要依据坡度、坡长等因子来确定各种措施的布设与配置，这样就难以避免地造成各种资源或多或少浪费。因此，该项研究有益于人们对水蚀机理的深入认识和解决水土保持资源合理利用等问题（郑子成和吴启发，2002）。

1.2.4　重力侵蚀研究进展

1.2.4.1　淤地坝减蚀作用机理研究

淤地坝是黄土高原的一项独特的治理措施，是众多水土保持措施中最重要的措施，是综合治理系统中的最后一道防线，是其他措施拦蓄不到或拦蓄不了的唯一措施，是小流域综合治理模式中难以替代的关键性措施。淤地坝技术是人们从自然现象中得到启发，总结劳动人民经验而发展起来的沟道治理技术。最早的淤地坝是天然形成的，据调查，1569 年陕西子洲县裴家湾的黄土圪因山体发生巨型滑坡，堵塞沟道，聚水拦泥形成"聚湫"，后经加工即成淤地坝，坝高 62m，集水面积为 2.72km²，淤成坝地 800 多亩 [①]，距今已有 420 多年的历史。人工修筑淤地坝的历史记载，最早见于山西省汾西县《汾西县志》，距今也有 400 年左右

———

① 　1 亩≈666.67m²。

的历史。淤地坝技术的推广最早始于晋西和陕北，山西柳林县佐主村、洪洞县娄村、陕西清涧县辛关村、佳县仁家村都有 150 多年前修建的淤地坝。20 世纪 50 年代，淤地坝技术通过政府部门和水土保持试验与技术推广单位技术指导，得到较快的推广应用。截至 1957 年年底，仅陕北榆林地区就建成淤地坝 9210 座，其中，库容 $1.0 \times 10^5 m^3$ 以上的大坝 29 座。在断面设计与坝系规划研究方面，20 世纪 50 年代初，黄河水利委员会绥德水土保持科学试验站（以下简称绥德水保站）保站等在黄土高原丘陵区第一副区的绥德韭园沟等近 20 条较大支沟开始重点示范修建淤地坝，先后建成淤地坝 29 座。针对建设单坝防洪能力低、防洪与拦泥淤地发生矛盾、坝地农作物保收率低等开始研究建立沟道坝系。绥德水保站在韭园沟小流域内，研究修建不同作用（拦泥、防洪）的淤地坝，使小流域内的坝群在防洪、灌溉、拦泥（沙）、生产中合理分工，有机结合。白楚荣（1986）系统地总结了坝系规划的原则、修坝程序和布设方法。在施工方法和施工机具方面，20 世纪 50 年代初主要是采用人工夯实法筑坝。70 年代成立的"陕晋水坠坝试验研究工作组"，对水坠坝的施工技术、边坡稳定、坝体应力应变和抗震稳定等进行了试验研究工作。同时在晋陕丘陵沟壑区，沙壤、粉质壤土地区，大力推广水力冲填法筑坝技术，1972 年出版的《水坠坝》一书，系统总结了水坠坝设计、施工、修筑、养护和病险工程处理技术。70 年代初科技人员研究出了适用于水坠坝的冲土水枪，并使其得到大面积推广。

在沟道中建造淤地坝拦截泥沙是我国黄土高原地区人民群众在长期实践中独创的防治水土流失的重要工程措施。新中国成立后，尤其是 1952 年绥德水保站成立后，淤地坝建设有了突破性进展。为适应淤地坝建设的需要，开展了许多筑坝技术、坝系规划设计、管理养护等方面的科研工作，结合课题研究还建立了韭园沟坝系。20 世纪 80 年代后，坝系研究转入以理论研究为主的阶段。国家自然科学基金、水利部第二期黄河水沙变化研究基金、黄河水利委员会水土保持基金等相继开展了河龙区间水沙变化分析和坝系相对稳定试验研究，其中，淤地坝拦泥减蚀作用分析是很重要的一部分。根据研究（冉大川等，2006），作为黄河中游多沙粗沙区淤地坝分布最为集中的河口镇至龙门区间，1970～1996 年淤地坝减沙量占水土保持措施减沙总量的 64.7%，河龙区间淤地坝较多的四大典型支流皇甫川、窟野河、无定河和三川河流域，1970～1996 年淤地坝减沙量分别占水土保持措施减沙总量的 57.8%、38.2%、62.1% 和 72.2%。除窟野河外，其余三大支流淤地坝的减洪减沙量占比也在 40% 左右。

国内对黄土丘陵区土壤侵蚀特性方面的研究较多，且多是基于径流小区方法的坡面侵蚀规律研究、土壤侵蚀垂直分带性研究，以及面蚀、沟蚀、重力侵蚀特征和规律研究。例如，国内朱显谟（1956）最早对沟蚀发展序列演化及其阶段发育特征做了系统论述。其后，陈永宗（1988）、唐克丽（1993）、刘元保（1984）、张科利（1991）、郑粉莉和贺秀斌（2002）、田均良等（1992）、孟庆枚（1996）、曾茂林等（1999）、刘秉正和吴启发（2000）、景可和陈永宗（1990）、蔡强国等（2004）、李占斌（1991）、李勇（1990）、王贵平等（1992）许多学者，在黄土高原土壤侵蚀面蚀和沟蚀的类型、成因、地域分异特点、侵蚀强度和垂直分带规律等方面做了大量开创性研究，对其发生发展规律分别进行了探讨，并取得了许多研究成果。

由于黄土丘陵区侵蚀类型的复杂性、侵蚀过程的特殊性，以及传统研究方法的局限性，土壤侵蚀规律研究开展的多是次降雨-径流过程土壤侵蚀产沙及输移特性和规律研究，对建坝后较长时间尺度内，淤地坝对流域土壤侵蚀特性的影响和反馈作用研究得很少。由于淤地坝建成后，土壤侵蚀基准面抬高，抑制了小流域沟蚀的发生，土壤侵蚀特性也相应发生了很大改变，并且这种变化为在淤地坝初建、发育、稳定3个不同发展阶段的表现。而以往对淤地坝的研究又多侧重于淤地坝减水减沙效益或泥沙来源，对沉积规律与土壤侵蚀产沙的关系也涉及有限。国外在研究沟道工程措施方面成果较多，但多以大型坝和建筑材料研究为主，在沟道坝系建设技术方面的研究很少，在坝地运行与土壤侵蚀特性关系方面少有报道，国外利用 ^{137}Cs 技术和其他方法在土壤侵蚀特性方面做了大量研究，取得了一大批研究成果，但由于黄土高原坡陡沟深、侵蚀独特，限制了这些成果的直接应用。

由于淤地坝沉积泥沙记载着建坝后几十年的土壤侵蚀环境变化历史，能评价和预测区域土壤侵蚀变化状况，为水土保持与治理提供基础资料，所以，其沉积率的研究受到了人们的重视。国内对黄土丘陵区小流域泥沙沉积特征及其来源的研究最早始于对天然聚漱和谷坊堰塘的调查。20 世纪 50 年代，罗来兴（1955）调查了天然"聚漱"的年淤积量，并据此推算了无定河和清涧河流域的年侵蚀量；朱震达（1955）则依据谷坊堰塘所淤积泥沙的数量推算估计了该集水面积的水土流失量；席承藩等（1953）还通过测量古墓基距地面的高差、树根暴露情况和新近下切黄土沟的体积，得出了韭园沟的年均侵蚀量。此后，蒋德麒等（1966）、龚时旸和蒋德麒（1978）、加生荣（1992）也通过各种方法研究了小流域泥沙来源，为定量研究小流域侵蚀与产沙提供了新思路，但由于研究手段的限制，开展的多是泥沙重点来源区和侵蚀产沙总量的估算，对"聚漱"、谷坊、堰塘和坝地泥沙沉积的动态变化研究开展较少，且对淤地坝拦沙减蚀机理方面的研究开展得相对较少，主要集中在以下几个方面。

1）抬高侵蚀基准，缩短沟坡坡长，减弱重力侵蚀，控制沟蚀发展

据实测资料分析，淤地坝淤积体呈锥形，大部分泥沙淤积在坝的前部，淤泥面存在一定的比降，其值较原沟道比降为小。据无定河流域 53 座淤地坝的观测，原沟道比降为 0.74%～4.04 %，平均为 2.02 %，而坝地淤泥比降为

0.063%～0.863%，平均为 0.253%，淤积比降只有原沟道比降的 0.03～0.26（范瑞瑜，2004；方学敏和曾茂林，1996）。曾茂林等（1999）分析认为，淤地坝的减蚀作用最明显的是在淤积面以下部分，由于建坝后坝内淤积，可以抬高侵蚀基准面，使干沟比降从 1.13%～1.50% 减缓到 0.05%～0.10%，从而制止了沟底下切，同时，因沟道流水侵蚀作用而引起的沟岸滑坡，其剪出口往往位于坡底附近，由于淤积物淤埋上游两岸坡底，掩埋了滑坡体剪出口，坡面比高降低，坡长减小，使坡面冲刷作用和岸坡崩塌减弱，对滑坡运动产生阻力，促使滑坡稳定，因此，淤地坝在稳定两岸沟坡、减缓沟蚀、防止沟道下切和沟岸坍塌方面起到了重要作用（范瑞瑜，2004；方学敏和曾茂林，1996）。此外，淤地坝淤积面的升高可以大大缩短沟坡坡长。据研究，对于坝高为 15m 左右的淤地坝，淤积后一般可使近坝段的沟壁坡长从 40～60m 缩短为 20～40m，从而使沟谷侵蚀和重力侵蚀的发展概率大大降低，起到明显的减缓沟蚀和重力侵蚀的作用；淤积面以上相当范围内也会由过去的侵蚀型转变为淤积型或平衡型，从而大大减少侵蚀的发生。

2）拦蓄洪水泥沙，减缓沟道冲刷

由于淤地坝一般库容较小，多数汛前不蓄水，当出现暴雨洪水时，水流可直抵坝前，受坝体的拦阻，其挟带的泥沙将沉积在库内。许多学者分析认为，坝地每公顷拦沙量不同，主要是由沟道地形和坝高不同造成的，坝越高，拦沙量越多，坝高低于 5m 与坝高大于 30m，其拦沙量可以相差 4～5 倍；淤地坝拦沙效益的大小与修建时间的长短也有密切关系，一般而言，新建淤地坝拦沙效益大，修成几年后拦沙效益变小，这是因为这时的任务主要是防洪保收，不再是蓄洪拦沙的缘故（张胜利等，1994）；淤地坝拦沙效益的大小与沟谷地形也有密切关系，对于相同坝高的淤地坝，U 形谷拦沙量远远大于 V 形谷拦沙量。由于淤地坝运用初期能够利用其库容拦蓄洪水泥沙，削减洪峰，减少对下游的冲刷，同时，坝体的下游也会因大坝拦截了上游的洪水，大大减少了上游洪水对下游侵蚀的动力，使原来的侵蚀型转变为非侵蚀型，从而大大减缓了沟道洪水的冲刷强度和挟沙能力。

3）减缓地表径流流速，增加侵蚀泥沙地表落淤

沟道中淤地坝修建后，由于提高了坝址处的侵蚀基准，减缓了坝上游淤积段河床比降，加宽了河床，减小了水流流速和径流深，从而大大减小了水流的侵蚀能力和挟沙能力。同时，由于淤地坝的拦沙蓄水作用，延长了含沙水流在淤地坝内的滞留时间，增加了其沉积落淤量。淤地坝运用后期形成坝地后，沟道径流产汇流条件发生了质的变化，在一定程度上也减缓了地表径流流速，增加了侵蚀泥沙地表落淤量。

此外，由于淤地坝建成后增加了坝地，提高了农业单产，有力地促进了陡坡

退耕还林还牧。据汾西县独堆河流域统计（刘汉喜等，1995），坝系建成后该流域退耕近 533.34hm^2；皇甫川流域西黑岱乡通过坝系工程建设（赵昕等，2001），退耕 1133hm^2，伊旗花亥图流域坡耕地由 1993 年坝系建设前的 91.3hm^2 退为 16.7hm^2。由于 1hm^2 坝地的农作物产量是坡耕地和荒坡地的 3～7 倍，每建成 1hm^2 坝地可以促进几公顷的坡耕地退耕。因此，坡耕地面积的大量减少也是淤地坝发挥减蚀作用的一个间接方面。

50 多年来，广大科技工作者在淤地坝优化布局、坝系相对稳定、淤地坝减水减沙效益等方面做了大量工作，但是，在淤地坝建成后坝库泥沙淤积分布特征，淤地坝对土壤侵蚀过程的影响和作用，以及沟道与坡面产沙的响应关系等方面开展的工作较少，仍有不少理论问题急待解决，尚未形成完善的理论体系，因此，在揭示淤地坝减蚀机理、正确认识和评价淤地坝减蚀作用及可减蚀程度和减蚀过程方面仍有很多问题需要研究。

随着黄土高原小流域坝系建设的广泛开展，迫切需要深入研究淤地坝减蚀作用机理、坝系建设与流域土壤侵蚀产沙变化的相互作用关系及程度，但国内的研究目前多集中于淤地坝沉积泥沙来源及沉积速率方面，对其泥沙沉积的动态变化过程以及与流域侵蚀产沙强度的作用关系开展得较少，国外的研究由于没有黄土高原特有的淤地坝沉积剖面，因而其研究也多集中于小流域侵蚀产沙来源方面。因此，有必要深入研究淤地坝减蚀拦沙过程、机制和方式。

1.2.4.2　滑坡侵蚀研究

多年来，重力滑坡侵蚀一直是黄土高原地区侵蚀研究的薄弱环节，所能找到的资料很有限。蒋德麒（1966）对黄土高原小流域的重力侵蚀产沙来源做了分析，他认为，在黄土丘陵沟壑区，重力侵蚀产沙占流域的 20%～25%，在高原沟壑区占 58%。曹银真（1981）研究了黄土地区重力侵蚀的机理和预报，认为黄土地区最主要的侵蚀方式是流水侵蚀和重力侵蚀。朱同新（1987）研究了黄土地区重力侵蚀发生的内部条件和地貌临界值。朱海之（1988）研究了地震引起的崩塌与滑坡，论述了在强烈地震作用下，往往造成大面积的崩塌与滑坡，由强烈震动形成的崩、滑体，除本身灾害外，还可在相当长的时间内加速区域上的水土流失。李天池和王淑敏（1988）论述了区域滑坡研究的内容、方法与步骤。靳泽先和韩庆宪（1988）研究了黄土高原滑坡分布特征和宏观机理。张信宝等（1989）分析了黄土高原重力侵蚀的地形与岩性组合因子，提出了重力侵蚀的地形因子值概念，探讨了重力侵蚀强度的区域特征。朱同新和陈永宗（1989）以晋西黄土地区为研究区域，研究重力侵蚀产沙方式及强度，计算出晋西地区重力侵蚀量占总侵蚀量的 35%～46%，并运用模糊聚类方法对晋西地区重力侵蚀进行了区域划分。甘枝茂的《黄土高原地貌与土壤侵蚀研究》（1989 年）一书，对重力侵蚀有所论述。中国科学院黄土高原综合考察队对黄土高原重力侵蚀的区域特征进行了考察，提出了相应的防治对策，并指出，重力侵蚀产沙量多采用直接量测法或调查法求得，据黄河水利委员会西峰水土保持科学试验站在南小河沟和山西省水土保持科学研究所在王家沟设置的泻溜侵蚀径流小区观测，坡度为 40°左右的上新世红黄土边坡的泻溜侵蚀模数为 20000～30000t/(km²·a)。李昭淑（1991）以戏河流域为研究对象，研究了该流域的重力侵蚀规律，在小流域不同地貌位置，侵蚀方式、能力和产沙量均有明显区别，并指出，戏河流域侵蚀方式以重力侵蚀为主，水力侵蚀主要为溅蚀和片蚀，但在总侵蚀量中所占比例很小。宋克强等（1991）选择白鹿原滑坡区的滑坡为原型进行了室内模拟，总结了黄土滑坡的三大特点，对滑坡的计算分析提出了一些新的看法。徐茂其等（1991）研究了九寨沟流域的土壤侵蚀，得出了以下结论：该流域突发性重力侵蚀十分强烈和突出，主要有泥石流、滑坡、崩塌和岩屑流等类型，具有爆发频率高、规模大、破坏力强的特点，是地质地貌、气候、植被、人类活动等因素综合作用的结果。黄河水利委员会认为，重力侵蚀在沟壑内，在时间上和空间上一般不是连续出现，而是在某些部位、某些时间出现。但每产生一处则侵蚀量很大，一般几十、几百、几千立方米，有的几万、几十万立方米，个别的达几千万立方米，成为小流域泥沙的主要来源（郑书彦，2002）。根据黄河水利委员会所属 3 个水保站在典型小流域的调查，重力侵蚀面积占流域面积的百分率（A 值）和重力侵蚀流失量占总流失量的百分率（Q 值）分别如下。黄土高原沟壑区的西峰南小河沟：A 值为 9.1%，Q 值为 57.5%；黄土丘陵沟壑区第三副区的天水吕二沟：A 值为 30.7%，Q 值为 68.0%；黄土丘陵沟壑区第一副区的绥德韭园沟 A 值为 12.9%，Q 值为 20.2%，可以看出重力侵蚀的严重性（郑书彦，2002）。黄土丘陵沟壑区第三副区的鹰咀沟流域，滑塌体面积占流域面积 2.5km² 的 58%，平均每平方千米内有滑塌体 13.5 万 m³；同一类型地区的天水市的吕二沟，流域面积为 12km²，有滑塌体 64 个，总体积 243.4 万 m³，每平方千米内有滑塌体 20.3 万 m³，由于滑塌发生时土体受到强烈扰动，大多为松散状且多裂缝，极易被水流冲走，1961 年吕二沟一次洪水就冲走滑塌体 10 万 t，占当年该沟土壤流失量的 42.6%（郑书彦，2002）。黄土高原沟壑区的南小河沟流域布设测站，观测径流泥沙资料表明，源面面积占全流域面积的 65.8%，径流占 67.4%，泥沙占 12.3%；沟谷面积占全流域面积的 24.7%，径流占 24%，泥沙却占 86.3%，沟谷带的侵蚀量绝大部分产生于沟床侵蚀和重力侵蚀，这两种侵蚀量占沟谷带侵蚀总量的 96.2%，沟谷带的重力侵蚀方式又以泻溜侵蚀最活跃，约占沟谷带侵蚀量的 65.5%（郑书彦，2002）。山西省水土保持科学研究所曾伯庆在分析山西省离石区羊道沟流域（面积为 0.206km²）的泥沙来源后认为，沟间地（占流域面积的 49.73%）侵蚀为 6740t/km²，沟谷地（占流域面积的 50.27%）侵蚀模数为

$27300t/km^2$，后者为前者的 4 倍。经过平衡分析后，该流域产生的泥沙有 80% 来自沟谷地（郑书彦，2002）。王德甫等（1993）利用遥感影像技术，对黄土高原的重力侵蚀进行调查，认为黄土高原千沟万壑的地表形态是长期遭受严重侵蚀而造成的，在土壤侵蚀中，重力侵蚀与水力侵蚀是两个主要的又是相互影响的侵蚀类型。黄土高原的构造抬升使流水下切作用增强，沟道发展迅速，由于黄土的湿陷性和垂直节理发育，沟头和沟道两侧不可避免地广泛存在着陡壁和悬崖，在重力作用下，临空土体大量崩塌和滑落，致使沟谷拓宽，沟头前进。同时，该区特殊的地层结构和水文学性质使得滑坡发生普遍。唐川等（1994）利用模糊综合分析法对云南的崩塌滑坡进行危险度分区，按照危险度分为高、中、低和无危险 4 个等级，采用模糊综合评判法划出高危险区约 8.8 万 km^2；中危险区约 12.6 万 km^2；低危险区约 6.7 万 km^2；无危险区约 10.2 万 km^2。孙尚海等（1995）研究了中沟流域的重力侵蚀，该流域的重力侵蚀类型有浅层滑坡、表土滑移、滑塌、崩塌、泻溜，计算出 1983～1989 年全流域平均每年有 0.9mm 的土层发生滑移，分析了影响中沟流域重力侵蚀的地貌发育阶段、气候营力、地质背景、黄土特性、植被和人为因素，并提出了防治措施。付炜（1996）介绍了黄土丘陵沟壑区土壤重力侵蚀灰色系统预测模型的构造原理和方法，并用灰色关联度的方法来反映模型的预测值与土壤重力侵蚀观测值之间的关联性，同时为反映土壤重力侵蚀系统的动态变化规律，引入了残差辨识的理论和方法，提高了模型的预报水平，用该模型对晋西离石王家沟流域的土壤重力侵蚀进行了试验研究，结果表明模型的预测精度较高，为土壤重力侵蚀研究提供了一条定量化分析的新途径。李树德（1997）以武都白龙江流域为研究对象，对滑坡活动性进行探讨，认为滑坡在时间上有明显的 4 个活动期，每个活动周期分别为白龙江下切所需时间。其中，志留系千枚岩、板岩和片岩是滑坡发育最活跃的地质单元，活跃度达 0.8326。根据滑坡发生的频率周期，依据高程和地层岩性对该地区斜坡的稳定性进行了分区。王军倪等（1999）在对重力地貌过程特点分析的基础上，从地貌学角度出发就重力地貌过程的研究现状进行了综述，重点论述了近年来发展的各种理论与方法及遥感 GIS 技术在重力地貌过程研究中的应用，并对今后重力地貌过程研究的难点进行了探讨。周择福等（2000）通过对南梁沟自然风景区重力侵蚀的踏察和对其中的四方林小流域较为全面的调查研究，指出了该区内重力侵蚀的主要类型，分析了侵蚀产生的原因、特点、危害，提出了防治措施。王光谦等（2006）通过运用水力学、土力学等力学方法对重力侵蚀主要影响因素进行分析，建立起沟坡重力侵蚀的概化力学模型，同时运用模糊和概率分析等数学方法将黄土沟坡的稳定问题转化为失稳概率，作为沟坡崩塌发生的预报条件，从而实现了考虑沟谷水流侧向切割、降雨入渗影响下的重力侵蚀模拟，为在黄土高原沟壑区进行水沙计算提供了基本方法。金鑫等（2008）针对黄土高原地区土壤侵蚀具有水力侵蚀和重力侵蚀相伴发生的特点，采用量化影响重力侵蚀发生的主要因素，确定重力侵蚀发生的具体沟道栅格单元的方法，从而考虑了重力侵蚀对产输沙过程的影响。冯自立（2008）以云南蒋家沟上游重力侵蚀和支沟泥石流形成为对象，通过对云南蒋家沟流域上游泥石流形成源区的长时间雨季观测，分析了短历时暴雨条件下沟岸坡体的重力侵蚀过程，以及上游支沟泥石流的形成过程，得出尽管蒋家沟源区沟岸坡体坡度较大，但由于土体密实，且大部分处于非饱和状态，受基质吸力的影响，土体强度较高，坡体整体是稳定的。降雨过程中，由于短历时暴雨的降水入渗只能影响坡体表层的含水量，对坡体的整体稳定性影响较小；上游支沟中的洪水和泥石流冲刷坡底、掏蚀沟床产生了大量的滑塌，是上游沟岸坡体重力侵蚀的主要方式，重力侵蚀使得原来密实的沟岸坡体变得松散，强度大大降低，为泥石流的爆发提供了固体物质基础。在暴雨过程中，这些松散堆积物饱和，并在其自身重力和沟道径流的作用下启动，形成上游的支沟泥石流。李铁键等（2008）认为重力侵蚀是土壤侵蚀的主要形式之一，通过将一个基于土体失稳的沟坡重力侵蚀理论模型在数字流域模型框架下与坡面降雨径流和土壤侵蚀模型、沟道不平衡输沙模型拟合集成，使重力侵蚀模型能够根据沟坡的几何形态、黄土的力学特性、水流对沟坡的淘刷等物理因素的影响，合理模拟流域的重力侵蚀过程。以上学者都从不同的角度对重力侵蚀进行了研究，但是都没有定量说明重力侵蚀随机发生的可能性，以及发生重力侵蚀中崩坡和沟坡所占的比重有多大，这正是本书要解决的主要问题之一。

1.2.4.3 植被措施减缓重力侵蚀研究

人类对资源的不断开发和大规模基础设施建设，造成了严重的水土流失和土地沙化，形成了大量的裸露边坡。传统的边坡加固措施大多采用砌石和混凝土等灰色防护，破坏了自然生态的和谐。植物根系除了具有增强土壤抗冲性、防治层状面蚀和河岸侧蚀等作用外，还具有稳定斜坡，控制重力侵蚀、浅层滑坡和崩塌等作用。现对国内外有关植物根系固土护坡力学机理的研究现状与进展进行论述，为进一步开展生态护坡工程提供理论依据和参考。

Wu 等（1979）提出并推导了第一个根系力学平衡理论公式（简称 Wu-Waldron 模型）。它假设植物的根为一具有完全弹性的材料，且其主根直接通过一平面剪力深入破坏地层，据此抵抗该层面的滑动，即植物根系产生的土体抗剪强度的增量与根系的平均抗拉强度和根面积成正比。20 世纪 80 年代，Wu 等（1988）进行了根系与土壤的胶结关系及各有关根系抗拉土壤的抗剪试验，提出了考虑根的分布和分叉的随机性统计模型，使根系固土力学机制的研究达到了一个新的高度。

在土体滑动时，根系抗拉力大的植物，其根表面与土体间产生的摩擦力可对土体产生较大的固持力，使斜坡保持稳定，因此，根系的抗拉力是根系固土的一个重要指标。根系的抗拉力受直径影响较大，大部分学者（李成凯，2008；程洪和张新全，2002；陈丽华等，2004；朱清科等，2002；野久田稔郎等，1997；刘国斌等，1996；史敏华等，1994；杨维西和黄治江，1988）认为，根系的抗拉力与根径呈幂函数或指数函数关系，不同植物的根系抗拉力与根径的回归关系差异较大，这与植物生长的植被条件及根系种类、根生长方位和组织结构等有关。另外，不同的测定条件、方法及试验本身存在的误差也会导致测定结果不同。

根系的表面积大小对根系抗拉阻力有较大的影响，根系的表面积越大，抗拉力越大。朱清科等（2002）认为，在根径相同的情况下，须根发达的根系比主直根系抗拉强度大。Wu 等（1988）进行的根系拉拔试验表明，须根比主根有利于加固土壤和提高土体抗剪强度，须根增加根系的表面积，增大了根系与土壤的接触面积，使根系与土壤间的摩擦阻力增大。

近半个世纪以来，国内外学者对植物根系固坡的力学机理进行了大量的研究。杨亚川等（1996）将植物根系和土壤视为一体，提出了"土壤-根系复合体"的新概念。边坡土体发生滑动时，带动分布在滑动面上斜坡土体中的植物根系一起移动，因此，植物根系与土体结合的紧密程度及根系抗拉阻力对于滑坡的发生、发展具有重要的控制作用（朱清科等，2002）。

国内外许多研究者通过原位拉拔试验来测定根系对土体的这种固持作用。Schmid 等（2001）分别对树系进行了现场拉拔试验，分别得到不同树种的拔出力-根径、根深-根长和根深-根体积关系曲线。Abernethy 和 Rutherfurd（2001）将拉伸仪夹具与数据采集仪相连接进行现场拉拔试验，测定了根的强度和其拉伸破坏过程。张俊斌（2007）进行了植株抗拔力与其生长特性和植被环境等相关影响因子之间的统计回归分析，建立了破坏和非破坏性根力推估模式，了解了植物根系特性和固土能力。李绍才等（2006）用液压式拉力仪进行单株拉拔试验，结果表明，在基岩风化程度相近的情况下，植株的抗拔力随地茎、株高和地下生物量的增加而增大，它们之间呈指数关系。李国荣等（2008）对柠条锦鸡儿、四翅滨藜、霸王和白刺 4 种灌木进行原位拉拔试验，结果表明，抗拔力与根径呈幂函数关系，与根系数量呈线性关系，与株高呈指数函数关系。杨永红等（2007）通过在合欢林地的抗拉拔试验，研究了根系的最大抗拉拔强度，得出根系抗拉拔力可以与根系直径、根长、土壤容重建立回归方程，从而求得根系与周围土体之间的静摩擦系数。

根系的固土作用主要表现在对土壤抗剪强度的提高上。Gray（1983）提出根系与土壤紧密结合形成一个特殊复合材料。Kassiff 和 Kopelovitz（1968）、Waldron 和 Dakessian（1981）、程洪和张新全（2002）、陈昌富等（2006）及刘秀萍等（2006）通过试验比较了有根系土壤与无根系土壤的抗剪强度，结果均表明，土壤-根系复合体可以明显提高土体的抗剪强度。李勇（1995）通过油松人工林根系与土壤物理性质的关系研究认为，有效根密度（≤1mm 细根）与土壤物理性质改善效应的关系最为密切，可明显提高土壤非毛管孔隙度，增加土壤有机质含量，降低土壤紧密度和容重，从而揭示了根系强化土壤抗冲性机理。朱珊和邵军义（1997）通过对根系黄土进行原位剪切试验获得了其抗剪强度指标，总结了抗剪强度指标与根系面积比的关系。Bengough（1997）、郭维俊等（2006）从理论上探讨了土壤-根系复合体的力学特性和本构关系，认为土壤-根系复合体的强度不仅与土壤和根系的材料特性、组织结构有关，还与复合体的根系含量和水分含量相关，土壤-根系复合体的本构关系一般呈非线性。诸多学者（Endo and Tsuruta，1969；代全厚等，1998；郝彤琦等，2000；封金财和王建华，2003；张飞等，2005；李绍才等，2005）对不同种类植物的根系进行了剪切试验，结果均表明，土壤-根系复合体的抗剪强度与穿过剪切面的含根量有直接关系，抗剪强度随含根量的增加而提高。刘国彬等（1996）将根系固结土壤强化抗冲性作用分为三种方式，网络串联作用、根-土黏结作用、根系化学作用，揭示出根系提高土壤侵蚀性能的本质。郝彤琦等（2000）、张飞等（2005）、杨永红等（2007）、姚环等（2004）通过剪切试验，认为土壤-根系复合体的黏聚力和内摩擦角均高于无根系土。宋维峰（2006）、石明强（2007）将根系在土壤中的分布形态抽象为水平、垂直和复合分布 3 种，并分别对土壤-根系复合体进行剪切试验，得出其固土护坡效果为复合根系＞垂直根系＞水平根系。姜志强等（2005）指出，植物根系在土体中穿插、缠绕、网络、固结，使土体抵抗风化吹蚀、流水冲刷和重力侵蚀的能力增强，从而可以有效地提高土壤的抗侵蚀性能。刘定辉和李勇（2003）系统分析了根系在稳定土壤结构、增强土壤抗冲性、提高土壤的抗剪强度、提高土壤的渗透性能等方面减少土壤侵蚀的原理。

Zienkiewicz 等（1975）首次在土工弹塑性有限元数值分析中提出了抗剪强度折减的概念，由此确定的强度储备安全系数可以判断边坡的变形和其内部塑性区的发展变化情况。Giam 和 Donald（1988）提出了一种由有限元计算的应力场确定临界滑裂面及最小安全系数的方法。Sakals 和 Sidle（2004）利用森林土壤根系黏着力的时间和空间模型，研究了根系对边坡的作用。Chad 和 Ji（2003）研究了边坡稳定性分析中根系的作用。周辉和范琪（2006）研究了生态护坡中根系的加固机理，根据植被护坡作用机理和应力-应变模式，建立了根系固土作用力学模型，导出植物根系抗滑力的一般计算式，并推导了植物根系固土作用的计算式。徐中华等（2004）采用弹塑性有限元方法，得出活树桩根系的支撑和加筋作用使边坡稳定性提高的结论。姜志强等（2005）将深粗根系视为锚杆，将浅细根系和周围的土体看作均匀复合材料，通过有限元模型，得到根系提高了边坡稳定安全系数的结论。封金财（2005）运用有限元模拟方法探讨了植物根系对深层滑坡的加固机理，认为根的数量、长度及其位置与边坡稳定性有很大的关系。付海峰等（2007）采用数值分析方法，考虑强度增量和护坡深度，进行了边坡整体安全系数计算，为植物根系的力学效应评价、护坡植物的选择提供了理论基础。及金楠等（2007）以 12 种几何形态的单株鲱骨状根构型为研究对象，建立了二维有限元模型，得到的结果是，在黏土中浅层侧根对土体抗倾覆力的贡献率占整个固土效果的 35%～40%；根-土复合体在整个破坏过程中形成一个旋转轴，此轴的位置随根系形态、土壤类型的不同而变化。

国外对植物根系进行系统研究，可追溯到 18 世纪 20 年代英国对栽培植物根系利用土壤空间范围所进行的探讨。20 世纪 60 年代后，人们对根系的动态发育研究投入了更多的精力，加拿大等国家建立了一批现代化的根系实验室，对木本植物根系的生长发育规律，与地上部分的生长关系及其对土壤生态因子的影响等进行了研究（宋维峰，2006）。Fitter 和 Stickland（1991）通过拓扑学模型来定量描述根构型，将三维构型分解成二维构型，然后将根系分成鲱骨和二分枝等拓扑学类型，通过测定有关的拓扑学参数对根构型给予定量描述。封金财和王建华（2004）认为，植物根系可分为侧根、垂直根和须根，植物根的形态决定了它对土体加固作用的大小。姜志强等（2005）将根系分为浅细根和深粗根，浅细根可视为带预应力的三维加筋材料，深粗根具有一定的强度和刚度，起到锚固坡体的作用。李任敏等（1998）提出木本植物的根系按其形态特征可以分为散生根型、主直根型和水平根型 3 种。Smith 和 Mullins（2001）通过野外分层开挖法和室内盆栽法及塑料筒内种植法，研究了植物根系在土体中的生长分布特征和基本生长形态及生长速度。周德培和张俊云（2003）把不同分布形态的根系按主根扎入土壤的深浅划分为两大类：主根扎入土壤深度小于 50 cm 为水平根系，大于 50 cm 为垂直根系。

将植被护坡同工程护坡有机结合，利用植物根系减缓重力侵蚀发生多学科交叉的特点，对各类植被自身的特性进行深入发掘，充分发挥植被自身的生态恢复能力，并逐渐将植被护坡的设计和施工规范化、标准化，使之产生更好的经济、生态和社会效应。植被固土从而减缓重力侵蚀的发生是一个随着植物生长周期变化而不断变化的动态过程。由于植物种类多样、根系分布随机、根强度和弹性模量多变等，目前对植物根系固土机理的认识还不够清楚，且由于树木种类多样、根系分布的随机性、根系强度的多变性等，对植物根系固土机理的研究尚处于前期阶段，离揭示根系固土的本质还存在一定距离。因此，随着对土层构造发展模型、根系生长模型，以及根系生物力学、根系固土机理的深入研究，预测根系增大土壤抗剪切强度模型定会改进和完善。

1.3　研究目的

本书采用室内外模拟降雨试验，探讨坡面系统中的植被类型、植被空间配置方式对降雨径流、侵蚀产沙的影响机制，阐明坡面系统侵蚀输沙过程，揭示植被对侵蚀过程的调控机制，建立坡面植被配置与侵蚀产沙的响应关系，为黄土高原流域土壤侵蚀预报模型提供理论基础，为小流域综合治理和措施优化配置提供科学依据。

采用数值模拟方法对坡沟系统和小流域不同尺度的重力侵蚀分布特征进行研究，分析不同侵蚀基准面抬升高度对坡沟系统重力侵蚀的影响，阐明坡沟系统、小流域重力侵蚀的破坏部位、机理，揭示淤地坝措施与植被措施减缓重力侵蚀发生机制，为坡沟系统、小流域水土保持工程措施的配置和生物措施的开展提供有益参考，为评价坡沟系统及小流域稳定性提供可靠依据，对理论解释淤地坝、植被根系措施减缓重力侵蚀，指导黄土高原水土流失的治理规划和措施配置有重要意义。

1.4　研究内容

1.4.1　植被对水土流失的调控作用

1.4.1.1　坡面不同植被类型降雨侵蚀产沙特征

通过野外模拟降雨试验，研究不同植被类型下坡面侵蚀产沙、径流和入渗规律以及相关关系，揭示坡面径流、侵蚀产沙过程的发育过程，探讨不同植被类型具有各自不同的水土保持功效、水沙调控效率和方式以及水沙作用机制。

1.4.1.2　植被空间配置对侵蚀产沙过程的调控机理

通过室内模拟降雨试验，研究植被不同覆盖率和空间配置方式对坡面系统侵蚀、产沙和输移过程的影响，探讨不同植被覆盖和配置方式下的坡面系统侵蚀产沙动态变化规律，说明植被不同格局下的水土保持作用，阐明植被配置对坡面系统侵蚀、剥离、输沙过程中的作用机制。

1.4.1.3　降雨过程中地表糙度的变化特征

定量分析降雨过程中地表糙度的时间、空间变化规律，探讨地表微地貌形态变化在降雨过程中的影响因素。

1.4.2　重力侵蚀数值模拟研究

1.4.2.1　坡沟系统重力侵蚀数值模拟研究

采用有限差分数值模拟方法,建立坡沟系统概化模型,分析应力场、位移场和塑性屈服区分布特征,研究坡沟系统重力侵蚀的破坏部位与破坏机理,阐明淤地坝减缓重力侵蚀发生的作用,揭示不同侵蚀基准面抬升高度对坡沟系统稳定性和重力侵蚀的影响。

1.4.2.2　流域系统重力侵蚀数值模拟研究

编写多层复杂地形建模的前处理程序,建立三维黄土高原小流域概化模型,分析小流域应力场、位移场和塑性屈服区分布规律,阐明小流域重力侵蚀的发育过程,研究小流域重力侵蚀的破坏部位与破坏机理,评价小流域破坏概率可靠程度,定量分析淤地坝对小流域重力侵蚀的影响,揭示淤地坝减缓小流域重力侵蚀发生的作用机制。

1.4.2.3　植被根系固土护坡减蚀作用分析

建立植被根系固土护坡力学模型,量化植被根系力学参数,结合有限差分数值模拟方法,分析草类植被种植于坡沟系统和小流域的应力场、位移场和塑性屈服区的分布规律,研究带有植被的坡沟系统与小流域重力侵蚀的破坏部位与破坏机理,定量分析植被根系对坡沟系统、小流域重力侵蚀的影响,揭示植被根系减缓重力侵蚀发生的作用机制。

1.5　研究技术路线

本书拟以水土保持学、泥沙运动学、土壤学、生态学和土力学等学科相关理论为基础,以室内外模拟降雨试验和数值分析计算为主要研究手段,研究不同植被类型和不同植被格局下坡面侵蚀产沙、径流和入渗规律以及相关关系,阐明不同植被类型的水土保持功效,揭示植被不同覆盖度和空间配置下与坡面系统侵蚀产沙的响应关系,为小流域综合治理和措施优化配置提供科学依据。结合地质资料,以黄土区典型坡沟系统和小流域为研究对象建立概化模型,对坡沟系统和小流域不同尺度的重力侵蚀分布规律和破坏机理、破坏部位进行研究,揭示淤地坝与植被根系加固对系统稳定性和重力侵蚀的影响,为坡沟系统、小流域水土保持工程措施的配置及生物措施的开展提供有益参考。其主要技术路线见图 1.1 和图 1.2。

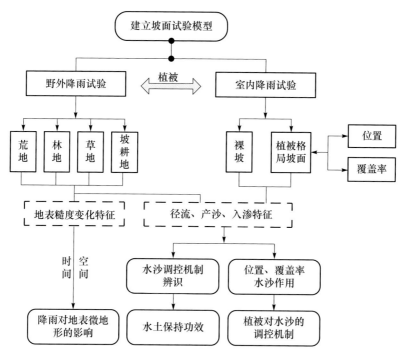

图 1.1 植被水土保持研究技术路线框图

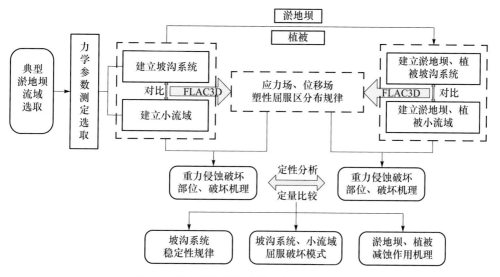

图 1.2 重力侵蚀数值模拟研究技术路线框图

1.6 主要创新点

(1) 定量分析了坡面降雨入渗、产流、产沙的主要特征及其影响因素，揭示了不同植被类型对坡面侵蚀产沙的调控效率和方式，探讨了不同植被类型和不同空间结构的水土保持功效。

(2) 对比分析了植被覆盖率变化对坡面侵蚀产沙的影响；阐明了不同植被空间位置及植被覆盖率对水蚀动力和水沙过程的调控机制，提出了考虑植被格局的植被减水、减沙作用系数。

(3) 采用有限差分数值模拟方法，进行了坡沟系统、小流域等不同尺度的重力侵蚀模拟，阐明了重力侵蚀的破坏机理与空间分布特征；定量分析了随侵蚀基准面抬升，坡沟系统和流域稳定性的变化过程，揭示了主要工程措施（淤地坝）和生物措施（植被）对重力侵蚀的调控作用。

1.7 主要成果

(1) 在相同的降雨条件下，荒地、草地和坡耕地坡面产流产沙过程线较林地均表现出较为强烈的波动趋势，呈现出多峰多谷的特点，产沙过程较产流过程波动更为剧烈，各雨强降雨的产沙过程与其产流过程没有很好的相关性。四种植被类型，林地的稳定入渗率为草地的 3 倍，坡耕地的 2 倍，荒地的 4 倍；对比不同植被类型对雨水向土壤水转化效率的影响，林地的雨水入渗比例为 88%，是荒地的 3 倍，草地的 2.5 倍，坡耕地的 2 倍；荒地的径流量为林地的 11 倍，草地的 1.2 倍，坡耕地的 1.35 倍；荒地的产沙量为林地的 180 倍，草地的 6 倍，坡耕地的 1.4 倍。从次降雨水蚀过程的侵蚀动力机制上看，荒地输移径流泥沙能力为林地的 121 倍，坡耕地为林地的 96 倍，草地为林地的 65 倍。林地可以有效地改善土壤结构，有很强的水沙调控功能，受雨强影响较小，而荒地、坡耕地和草地受雨强影响较大，对低强度降雨具有更强的接纳能力。

(2) 不同植被类型具有不同的水土保持措施功效，林地具有蓄水减沙的水土保持功效，该机制是通过植物根系对水沙的调控作用实现的；草地具有直接拦沙的水土保持功效，该机制是通过地表植被冠层对水沙的调控作用实现的；植被空间结构对水沙调控作用有明显差异，植被根系的存在对发挥植被水土保持作用至关重要。

(3) 累计产沙量随累计径流量的增加呈幂函数增加，坡面径流、侵蚀产沙过程表现为发育期、活跃期和稳定期 3 个阶段，各个阶段入渗、径流、产沙均有各自的特点，彼此联系，构成了一个完整的侵蚀产沙过程，各参数和过程线的波折程度体现出植被类型、土壤性状对水沙调控的作用机制。地表糙度随降雨场次的增加、坡度的增大而增大，随植被覆盖度的增大而减小，同时也存在一定的空间变异性，导致有些坡段可以拦蓄径流泥沙、削弱侵蚀，有些坡段可以增加潜在的冲刷，加剧侵蚀；多数情况下，多个因素共同影响糙度变化规律。

（4）裸坡条件下，雨强是影响径流的主要因素，径流贡献率为87%，坡度是影响产沙的主要因素，产沙贡献率为76%，在大雨强下或陡坡时，这种趋势更加明显。坡面累计产流量、产沙量与降雨历时呈显著幂函数关系，累计产沙量的增加幅度远远大于累计产流量的增加幅度。降雨入渗影响土壤含水量及其空间分布，模拟降雨条件下，坡面含水量以坡面中部最大，坡面中下部居中，坡面上部最小。

（5）坡面植被覆盖对侵蚀产沙的影响大于坡度因素对径流和产沙的影响，植被空间位置对水沙的调控作用的顺序为：坡底＞坡中＞坡顶；随植被覆盖率的增加，径流总量呈幂函数减小趋势，产沙总量和径流含沙量均呈指数函数减小趋势，植被对水沙的调控作用逐渐增强，在高覆盖率下，植被空间位置的调控作用逐渐减弱。不同植被覆盖率和不同空间位置下的径流量、产沙量存在显著差异；径流侵蚀功率与植被覆盖率之间存在良好的幂函数关系，随植被覆盖度增加，径流侵蚀功率缓慢下降，植被对降低径流输移能力缓慢增加。

（6）坡沟系统和整个流域的最大位移出现在梁峁顶和梁峁坡上部，以"沉降"模式为主，最大水平位移出现在沟坡中下部，以"剪切"模式为主，沟头溯源区是坡沟系统和小流域重力侵蚀最为强烈的部位；随侵蚀基准面逐渐抬升，坡沟系统趋于稳定，重力侵蚀发生程度得到减缓；坡沟系统中最大位移、安全系数和滑塌概率的变化情况皆满足指数函数分布规律，拟合方程精度较高，可用于坡沟系统重力侵蚀的定性分析和定量计算。

（7）坡沟系统和小流域的内部应力主要是由边坡岩土体自重产生的，内部土体的屈服以"压-剪"屈服模式为主，剪切塑性区主要分布于坡面和沟坡大部分区域，张拉塑性区主要分布于梁峁顶和梁峁坡上部，土体内部并未出现塑性区贯穿坡体的情况，表明处于正常工作状态。

（8）有治理措施的坡沟系统和小流域中，淤地坝增加了凹形的边坡整体几何形态，根系加固作用改善了坡面浅层土体的部分应力，都降低了坡面土体的应力集中程度，减小了坡面浅层土体的位移，打断了贯穿于坡面浅层的剪切塑性区，使张拉塑性区仅在梁峁顶零星出现，塑性区体积减小，减缓了重力侵蚀的发生程度。

（9）淤地坝的建设或植被覆盖条件，都可以使剪切塑性屈服区体积和张拉塑性屈服区体积有不同程度的减小，但并未改变坡沟系统和小流域进入屈服的破坏模式，重力侵蚀屈服模式依然以剪切破坏形式为主。由于工程措施和生物措施的作用机理和作用范围不同，致使在不同空间尺度内，对重力侵蚀的减缓效果不同；在坡沟范围内，淤地坝的减缓重力侵蚀作用比植被强，而在小流域范围内，植被的减缓重力侵蚀作用优于淤地坝。

参 考 文 献

白楚荣. 1986. 无定河流域的河道和沟道治理 [J]. 陕西水利，1986 (2) :31-34

蔡强国，刘纪根，刘前进. 2004. 岔巴沟流域次暴雨产沙统计模型 [J]. 地理研究，23 (4)：433-439.

蔡强国，王贵平，陈永宗. 1998. 黄土高原小流域侵蚀产沙过程与模拟 [M]. 北京：科学出版社.

蔡强国，吴淑安，马绍嘉，等. 1996. 花岗岩发育红壤坡地侵蚀产沙规律实验研究 [J]. 泥沙研究，(1)：89-96.

蔡强国. 1989. 坡长在坡面侵蚀产沙过程中的作用 [J]. 泥沙研究，(4)：52-56.

蔡强国. 1995. 黄土坡耕地上坡长对径流侵蚀产沙过程的影响. 水土流失规律与坡地改良利用 [M]. 北京：中国环境科学出版社.

蔡强国. 1996. 黄土丘陵沟壑区典型小流域侵蚀产沙过程模型 [J]. 地理学报，51 (2)：108-116.

蔡强国. 1998. 坡长对坡耕地侵蚀产沙过程的影响 [J]. 云南地理环境研究，10 (1)：24-43.

曹银真. 1981. 黄土地区重力侵蚀的机理及预报 [J]. 水土保持通报，1 (4)：19-22.

陈昌富，刘怀星，李亚军. 2006. 草根加筋土的护坡机理及强度准则试验研究 [J]. 中南公路工程，(2)：14-17.

陈浩. 1992. 降雨特征和上坡来水对产沙的综合影响 [J]. 水土保持学报，6 (2)：17-23.

陈浩. 2000. 黄土丘陵沟壑区流域系统侵蚀与产沙关系 [J]. 地理学报，55 (3)：354-363.

陈丽华，余新晓，张东升，等. 2004. 整株林木垂向抗拉试验研究 [J]. 资源科学，(1)：39-43.

陈世宝，华珞，何忠俊，等. 黄土高原陡坡耕地土壤侵蚀对土壤性质的影响 [J]. 农业环境科学学报，2002, 21(4):289-292

陈永宗，景可，蔡强国. 1988. 黄土高原现代侵蚀与治理 [M]. 北京：科学出版社.

陈永宗. 1963. 陕北绥德地区沟道流域侵蚀分带及沟间地侵蚀形态分布规律 [M] // 中国地理学会. 1963 年年会论文集（地貌）. 北京：科学出版社.

陈永宗. 1988. 黄土高原现代侵蚀与治理 [M]. 北京：科学出版社.

承继成. 1965. 坡地流水作用的分带性 [M] // 中国地理学会. 1963 年年会论文集（地貌）. 北京：科学出版社.

程洪，张新全. 2002. 草本植物根系网固土原理的力学试验探究 [J]. 水土保持通报，22 (5)：20-23.

代全厚，张力，刘艳军，等．1998．植物根系固土护堤功能研究 [J]．吉林水利，(10)：27-29．

范瑞瑜．2004．黄土高原坝系生态工程 [M]．郑州：黄河水利出版社．

方学敏，万兆惠，匡尚富．1998．黄河中游淤地坝拦沙机理及作用 [J]．水利学报，29 (10)：49-53．

方学敏，曾茂林．1996．黄河中游淤地坝坝系相对稳定研究 [J]．泥沙研究，(3)：12-20．

封金财，王建华．2003．植物根的存在对边坡稳定性的作用 [J]．华东交通大学学报，(5)：42-45．

封金财，王建华．2004．乔木根系固坡作用机理的研究发展 [J]．铁道建筑，(3)：29-31．

封金财．2005．植物根系对边坡的加固作用模拟分析 [J]．江苏工业学院学报，(3)：27-29．

冯自立．2008．云南蒋家沟上游重力侵蚀和支沟泥石流形成的研究 [J]．安徽农业科学，36 (8)：3319-3322．

付海峰，姜志强，张书丰．2007．植物根系固坡效应模拟及稳定性数值分析 [J]．水土保持通报，27 (1)：92-98．

付炜．1996．土壤重力侵蚀灰色系统模型研究 [J]．水土保持学报，2 (4)：9-17．

傅伯杰，陈利顶，马克明．1999．黄土丘陵区小流域土地利用变化对生态环境的影响——以延安市羊圈沟流域为例 [J]．地理学报，54 (3)：241-246．

龚时旸，蒋德麒．1978．黄河中游黄土丘陵沟壑区沟道小流域的水土流失及治理 [J]．中国科学：数学，21 (6)：671-678．

郭维俊，黄高宝，王芬娥，等．2006．土壤－植物根系复合体本构关系的理论研究 [J]．中国农业大学学报，11 (2)：35-38．

韩鹏，倪晋仁，王兴奎．2003．黄土坡面细沟发育过程中的重力侵蚀实验研究 [J]．水利学报，34 (1)：51-55．

郝彤琦，谢小研，洪添胜．2000．滩涂土壤与植物根系复合体抗剪强度的试验研究 [J]．华南农业大学学报，(4)：78-80．

侯喜禄．1994．陕西黄土区不同森林类型水土保持效益的研究 [J]．西北林学院学报，9 (2)：20-24．

及金楠，张志强，Fourcaud Thierry，等．2007．鲱骨状根构型对典型土体抗倾覆力的有限元分析 [J]．中国水土保持科学，5 (3)：14-18．

加生荣．1992．黄丘一区径流泥沙来源研究 [J]．中国水土保持，(1)：20-23．

姜志强，孙树林，程龙飞，等．2005．根系固土作用及植物护坡稳定性分析 [J]．勘察科学技术，(4)：12-14．

蒋德麒，赵诚信，陈章霖．1966．黄河中游小流域径流泥沙来源初步分析 [J]．地理学报，32 (1)：20-35．

焦菊英，刘元保．1992．小流域沟间与沟谷地径流泥沙来量的探讨 [J]．水土保持学报，

6 (2)：24-28.

焦菊英，王万忠，李靖，等．2003．黄土高原丘陵沟壑区淤地坝的淤地拦沙效益分析 [J]．农业工程学报，19 (6)：302-306．

金鑫，郝振纯，张金良，等．2008．考虑重力侵蚀影响的分布式土壤侵蚀模型 [J]．水利学报，39 (2)：257-263．

靳泽先，韩庆宪．1988．黄土高原滑坡分布特征及宏观机理 [J]．中国水土保持，(6)：21-25．

景可，陈永宗．1990．我国土壤侵蚀与地理环境的关系 [J]．地理研究，9 (2)：29-37．

李成凯．2008．青藏高原黄土区四种草本植物单根抗拉特性研究 [J]．中国水土保持，(5)：33-36．

李国荣，胡夏嵩，毛小青，等．2008．寒旱环境黄土区灌木根系护坡力学效应研究 [J]．水文地质工程地质，(1)：94-97．

李勉．2005．草被覆盖下坡沟系统坡面流能量变化特征试验研究 [J]．水土保持学报，19 (5)：13-17．

李鹏，崔文斌，郑良勇，等．2006．草本植被覆盖结构对径流侵蚀动力的作用机制 [J]．中国水土保持科学，4 (1)：55-59．

李任敏，常建国，吕白交．1998．太行山主要植被类型根系分布及对土壤结构影响 [J]．山西农业科技，(3)：17-19．

李绍才，孙海龙，杨志荣，等．2005．坡面岩体 - 基质 - 根系互作的力学特性 [J]．岩石力学与工程学报，24 (12)：2074-2081．

李绍才，孙海龙，杨志荣，等．2006．护坡植物根系与岩体相互作的力学特性 [J]．岩石力学与工程学报，25 (10)：2051-2057．

李树德．1997．武都白龙江流域滑坡活动性探讨 [J]．水土保持通报，17 (6)：28-32．

李天池，王淑敏．1988．区域滑坡研究的内容、方法与步骤 [J]．中国水土保持，(6)：17-20．

李铁键，王光谦，张成，等．2008．黄土沟壑区流域重力侵蚀模拟 [J]．天津大学学报，41 (9)：1137-1141．

李勇，朱显谟．1990．黄土高原土壤抗冲性机理初步研究 [J]．科学通报，35 (5)：11-16．

李勇．1995．黄土高原植物根系与土壤抗冲性 [M]．北京：科学出版社．

李占斌，朱冰冰，李鹏，等．2008．土壤侵蚀与水土保持研究进展 [J]．土壤学报，45 (5)：802-810．

李占斌．1991．黄土地区坡地系统暴雨侵蚀试验及小流域产沙模型 [D]．陕西机械学院博士学位论文．

李昭淑．1991．戏河流域重力侵蚀规律的研究 [J]．水土保持通报，11 (3)：1-6．

李振山，陈广庭．1997．粗糙度研究的现状及展望 [J]．中国沙漠，17(1):99-102

刘秉正，吴发启．2000．土壤侵蚀 [M]．西安：陕西人民出版社．

刘定辉，李勇．2003．植物根系提高土壤抗侵蚀性机理研究 [J]．水土保持学报，17 (3)：

34-38.

刘国彬, 蒋定生, 朱显谟. 1996. 黄土区草地根系生物力学特性研究 [J]. 土壤侵蚀与水土保
　　持学报, 2 (3): 21-28.

刘国斌, 蒋定生, 朱显谟, 等. 1996. 黄土区草地根系生物力学特性研究 [J]. 土壤侵蚀与水
　　土保持学报, 2 (3): 21-28.

刘汉喜, 田永宏, 程益民. 1995. 绥德王茂沟流域淤地坝调查及坝系相对稳定规划 [J]. 中国
　　水土保持, (12): 16-21.

刘秀萍, 陈丽华, 宋维峰. 2006. 林木根系与黄土复合体的抗剪强度试验研究 [J]. 北京林业
　　大学学报, 28 (5): 67-72.

刘元保. 1984. 黄土高原坡面沟蚀的危害及其发生发展规律 [D]. 杨凌: 中国科学院西北水
　　土保持研究所.

卢金发, 黄秀华. 2003. 土地覆被对黄河中游流域泥沙产生的影响 [J]. 地理研究, 22 (5):
　　571-578.

吕悦来, 李广毅. 1983. 地表粗糙度与土壤风蚀 [J]. 土壤学进展, (2): 38-41.

罗杰斯 R D, 舒姆 S A. 1992. 稀疏植被覆盖对侵蚀和产沙的影响 [J]. 中国水土保持, (4):
　　18-20.

罗来兴. 1955. 陕北无定河、清涧河黄土区域的侵蚀地形与侵蚀量 [J]. 地理学报, 21 (1):
　　35-44.

孟庆枚. 1996. 黄土高原水土保持 [M]. 郑州: 黄河水利出版社.

齐矗华. 1991. 黄土高原侵蚀地貌与水土流失关系研究 [M]. 西安: 陕西人民教育出版社.

冉大川, 刘斌, 王宏, 等. 2006. 黄河中游典型支流水土保持措施减洪减沙作用研究 [M].
　　郑州: 黄河水利出版社.

石明强. 2007. 高速公路边坡生态防护与植物固坡的力学分析 [D]. 武汉理工大学硕士学位
　　论文.

史敏华, 王棣, 李任敏. 1994. 石灰岩区主要水保灌木根系分布特征与根抗拉力研究初报 [J]
　　. 山西林业科技, (1): 17-19.

宋克强, 孙超图, 袁继国, 等. 1991. 黄土滑坡的模型试验研究 [J]. 水土保持学报, 5
　　(2): 15-21.

宋维峰. 2006. 林木根系与均质土间相互物理作用机理研究 [D]. 北京: 北京林业大学博士
　　学位论文.

孙尚海, 张淑芝, 张丰. 1995. 中沟流域的重力侵蚀及其防治 [J]. 中国水土保持, (9):
　　25-27.

唐川, 周钜, 朱静. 1994. 云南崩塌滑坡危险度分区的模糊综合分析法 [J]. 水土保持学报,
　　8 (4): 48-54.

唐克丽. 1983. 杏子河流域坡耕地的水土流失及其防治 [J]. 水土保持通报, 3 (3): 43-48.

唐克丽. 1991. 黄土高原地区土壤侵蚀区域特征及其治理途径 [M]. 北京：中国科学技术出版社.

唐克丽. 1993. 黄河流域的侵蚀与径流泥沙变化 [M]. 北京：中国科学技术出版社.

唐克丽. 2004. 黄河流域的侵蚀与径流泥沙变化 [M]. 郑州：黄河水利出版社.

田均良, 梁一民, 刘普灵. 2003. 黄土高原丘陵区中尺度生态农业建设探讨 [M]. 郑州：黄河水利出版社.

田均良, 周佩华, 刘普灵, 等. 1992. 土壤侵蚀 REE 示踪法研究初报 [J]. 水土保持学报, 6 (4)：23-27.

汪有科. 1994. 森林植被保持水土功能评价 [J]. 水土保持研究, 1 (3)：24-30.

王德甫, 赵学英, 马浩禄, 等. 1993. 黄土重力侵蚀及其遥感调查 [J]. 中国水土保持, (12)：25-28.

王光谦, 李铁键, 薛海, 等. 2006. 流域泥沙过程机理分析 [J]. 应用基础与工程科学学报, 14 (4)：455-462.

王贵平, 曾伯庆, 陆兆熊, 等. 1992. 晋西黄土丘陵沟壑区坡面土壤侵蚀及预报研究 [J]. 中国水土保持, (3)：16-20.

王军倪, 晋仁, 杨小毛. 1999. 重力地貌过程研究的理论与方法 [J]. 应用基础与工程科学学报, 7 (3)：240-251.

王文龙, 雷阿林, 李占斌, 等. 2003. 黄土区不同地貌部位径流泥沙空间分布试验研究 [J]. 农业工程学报, 19 (4)：4-43.

王允升, 王英顺. 1995. 黄河中游地区 1994 年暴雨洪水淤地坝水毁情况和拦淤作用调查 [J]. 中国水土保持, (8)：23-28.

吴发启, 刘秉正. 2003. 黄土高原流域农林复合配置 [M]. 郑州：黄河水利出版社.

吴发启, 赵晓光, 刘秉正, 等. 1998. 地表糙度的量测方法及对地面径流和侵蚀的影响 [J]. 西北林学院学报, 13 (2)：15-19.

吴发启, 赵晓光, 刘秉正. 2000. 缓坡耕地侵蚀环境及动力机制分析 [M]. 西安：陕西科学技术出版社.

席承藩, 程云生, 黄直立. 1953. 陕北绥德韭园沟土壤侵蚀情况及水土保持办法 [J]. 土壤学报, 2 (3)：148-166.

徐茂其, 张大泉, 周晓骆, 等. 1991. 九寨沟流域突发性重力侵蚀初步研究 [J]. 水土保持学报, 5 (2)：1-7.

徐宪立, 马克明. 2006. 植被与水土流失关系研究进展 [J]. 生态学报, 9 (9)：3137-3143.

徐雪良. 1987. 韭园沟流域沟间地、沟谷地来水来沙量的研究 [J]. 中国水土保持, (8)：23-26.

徐中华, 钭逢光, 陈锦剑, 等. 2004. 活树桩固坡对边坡稳定性影响的数值分析 [J]. 岩土力学, 25 (11)：275-279.

鄢朝勇，叶建军，韦书勇. 2007. 植被对边坡浅层稳定的影响 [J]. 水土保持研究，14（1）：24-28.

杨维西，黄治江. 1988. 黄土高原九个水土保持树种根的抗拉力 [J]. 中国水土保持，（9）：47-49.

杨亚川，莫永京，王芝芳，等. 1996. 土壤 - 草本植被根系复合体抗水蚀强度与抗剪强度的试验研究 [J]. 中国农业大学学报，1（2）：31-38.

杨永红，刘淑珍，王成华，等. 2007. 含根量与土壤抗剪强度增加值关系的试验研究 [J]. 水土保持研究，14（3）：287-291.

杨永红，刘淑珍，王成华，等. 2007. 浅层滑坡生物治理中的乔木根系抗拉实验研究 [J]. 水土保持研究，14（1）：138-140.

姚环，郑振，游精佑，等. 2004. 香根草护坡机理的初步试验研究 [J]. 工程地质学报，12（z1）：329-332.

野久田稔郎，林拙郎，李晓华，等. 1997. 由根系抗拉强度推算其固坡效果 [J]. 水土保持科技情报，（1）：25-28.

游珍，李占斌，蒋庆丰. 2005. 坡面植被分布对降雨侵蚀的影响研究 [J]. 泥沙研究，12（6）：40-43.

曾伯庆. 1980. 晋西黄土丘陵沟壑区水土流失规律及治理效益 [J]. 人民黄河，2（2）：1-5.

曾茂林，朱小勇，康玲玲，等. 1999. 水土流失区淤地坝的拦泥减蚀作用及发展前景 [J]. 水土保持研究，6（2）：126-133.

张飞，陈静曦，陈向波. 2005. 边坡生态防护中表层含根系土抗剪试验研究 [J]. 土工基础，19（3）：25-27.

张建军，纳磊，董煌标，等. 2008. 黄土高原不同植被覆盖对流域水文的影响 [J]. 生态学报，28（8）：3597-3605.

张俊斌. 2007. 多孔性护岸工程之植物根力研究 [J]. 水土保持研究，14（3）：144-146.

张科利. 1991. 浅沟发育对土壤侵蚀作用的研究 [J]. 中国水土保持，（1）：17-19.

张胜利，于一鸣，姚文艺. 1994. 水土保持减水减沙效益计算方法 [M]. 北京：中国环境科学出版社.

张信宝，柴宗新，汪阳春. 1989. 黄土高原重力侵蚀的地形与岩性组合因子分析 [J]. 水土保持通报，9（5）：40-44.

张志强，王盛萍，孙阁，等. 2006. 流域径流泥沙多尺度植被变化响应研究进展 [J]. 生态学报，26（7）：2356-2364.

赵昕，李毓祥，韩学士. 2001. 坝系农业与生态环境建设 [J]. 水土保持研究，8（4）：43-45.

郑粉莉，高学田. 2000. 黄土坡面土壤侵蚀过程与模拟 [M]. 西安：陕西人民出版社.

郑粉莉，高学田. 黄土坡面土壤侵蚀过程与模拟 [M]. 西安：陕西人民出版社，2000.

郑粉莉，贺秀斌. 2002. 黄土高原植被破坏与恢复对土壤侵蚀演变的影响 [J]. 中国水土保持，(7)：21-25.

郑粉莉，唐克丽，白红英. 1994. 子午岭林区不同地形部位开垦裸露地降雨侵蚀力研究 [J].
　　水土保持学报，8 (1)：26-32.

郑粉莉，唐克丽，周佩华. 1989. 坡地细沟侵蚀影响因素的研究 [J]. 土壤学报，26 (2)：
　　109-116.

郑书彦. 2002. 滑坡侵蚀及其动力学机制与定量评价研究 [D]. 中国科学院水土保持研究所
　　博士学位论文.

郑子成，吴发启. 2002. 坡耕地地表糙度及其作用研究 [D]. 西北农林科技大学硕士学位
　　论文.

周德培，张俊云. 2003. 植被护坡工程技术 [M]. 北京：人民交通出版社.

周辉，范琪. 2006 生态护坡中根系的加固机理与能力分析 [J]. 公路，(12)：179-183.

周佩华，王占礼. 1987. 黄土高原土壤侵蚀暴雨标准 [J]. 水土保持通报，7 (1)：38-44.

周择福，林富荣，张友炎. 2000. 五台山南梁沟自然风景区重力侵蚀调查研究 [J]. 水土保持
　　学报，14 (z1)：141-143.

朱海之. 1988. 地震崩滑与坡面破坏 [J]. 中国水土保持，(5)：16-17.

朱清科，陈丽华，张东升，等. 2002. 贡嘎山森林生态系统根系固土力学机制研究 [J]. 北京
　　林业大学学报，24 (4)：64-67.

朱清科，陈丽华，张东升，等. 贡嘎山森林生态系统根系固土力学机制研究 [J]. 北京林业大学
　　学报，2002，24 (4)：64-67.

朱珊，邵军义. 1997. 根系黄土抗剪强度的特性 [J]. 青岛建筑工程学院学报，18 (1)：5-9.

朱同新，陈永宗. 1989. 晋西黄土地区重力侵蚀产沙分区的模糊聚类分析 [J]. 水土保持通
　　报，9 (2)：27-34.

朱同新. 1987. 黄土地区重力侵蚀发生的内部条件及地貌临界值分析 [M]. 北京：气象出
　　版社.

朱显谟. 1956. 黄土区土壤侵蚀的分类 [J]. 土壤学报，4 (2)：99-115.

朱震达. 1955. 南阳盆地边缘花岗岩丘陵地区侵蚀地形的初步观察 [J]. 地理学报，21 (1)：
　　45-51.

Abernethy B, Rutherfurd I D. 2001. The distribution and strength of riparian roots in relation to
　　riverbank reinforcement [J]. Hydrol Process, (15): 63-79.

Bengough A G. 1997. A biophysical analysis of root growth under mechanical stress [J]. Plant Soi.,
　　(18): 155-164.

Chad S, Ji B Y. 2003. A study on slope stability effects by the tree root systems (Ⅲ)-Spatial
　　distribution of Koreanwhite pine tree roots [J]. Journal of Korean Forestry Society, 92 (1): 33-41.

Endo T. 1969. The effect of the trees' root the shear strength of soil Annual Report of the Hokkaido
　　Branch [J]. Forest Expermient Station, (18): 167-186.

Fitter A H, Stickland T R. 1991. Influence of nutrient supply on architecture in contrasting plant species [J]. New Phyto, (18): 383-389.

Foster G R, Huggins L F, Meyer L D. 1984. A laboratory study of rill hydraulics.I: Velocity relationships [J].Transactions of ASAE, 27(3): 790-796.

Fu B J, Chen L D, Ma K M, et al. 2000. The relationships between land use and soil conditions in the hilly area of the Loess Plateau in northern Shanxi, China [J]. Catena, 39 (1): 69-78.

Giam S K, Donald I B. 1988. Determination of critical slip surface for slopes viastress-strain calculations [J]. Preceedings of the 5th Australia-New Zealand Conferrence Geomechanica, Innsbruck, (6): 1347-1352.

Govers G. 1992. Relationship between discharge, velocity and flow area for rills eroding loose, non-layered materials [J]. Earth Surface Processes and Landforms, 17(5): 515-528.

Gray D H. 1983. Mechanics of fiber reinforment in sand [J]. Geotechnical Engineering, (3): 335-353.

Guy B T, Dickinson W T, Rudra R P. 1987. The roles of rainfall and runoff in the sediment transport capacity of interrill flow [J].The Transactions of the ASAE, 30(5): 1378-1387.

Horton R E, Leach H R, Vliet V R. 1934. Laminar sheet-flow [J]. Transaction of the American Geophysical Union, 15: 393-404.

Horton R E. 1945. Erosional development of striams and their drainage basins: Hydrological approach quantitative morphology [J].Bulletin of the Geological Society of America, 56 (3): 275-370.

Julien P, Simons B. 1986. Sediment transport capacity of overland flow [J]. Transaction of the ASAE, 28 (3): 755-762.

Kassiff G, Kopelovitz A. 1968. Strength properties of soil-root systems [J]. Israel Institute of Technology, (25): 36-44.

Lehrsch G A, Sojka R E, Carter D L, et al. 1991. Freezing effects on aggregate stability affected by texture, mineralogy, and organic matter [J]. Soil Science Society of America Journal, 55 (5):1401-1406.

Li P, Li Z B, Zheng L Y. 2002. Advances in researches of the effectiveness for vegetation conserving soil and water [J]. Research of Soil and Water Conservation, 9 (2): 76-80.

Li Y, Zhu X M, Tian J Y. 1991. Study on the effectiveness of soil anti-scourability by plant roots in loess Plateau [J]. Chinese Science Bulletin, 36 (12): 935-938.

Lu J Y, Cassol A, Foster R, et al. 1988. Seective transport and depostion of sediment particles in shallow flow [J]. Transaction of the ASAE, 31 (4): 1141-1147.

Nachtergaele J, Poesen J, Vandekerck H L, et al. 2001. Testing the ephemeral gully erosion model for two mediter ranean environment [J]. Earth Surface Process and Landforms, 26: 17-30.

Nearing M A, Simanton R, Norton D, et al. 1999. Soil erosion by surface water flow on a stony, semiarid hillslope [J].Earth Surface Processes and Landforms, 24 (8): 677-686.

Onstad C A, Wolfe M L, Larson C L, et al. 1984. Tilled soil subsidence during repeated wetting [J]. Transactions of the Asae, 27 (3) :733-736.

Renard K G. 1983. Comments on 'soil erosion and total denudation due to flash floods in the Egyptian desert' [J]. Journal of Arid Environments, 126 (3) :547-553.

Romkens M J M, Prasad S N. 2001. Soil crosion under different rainfull intensities, surface roughness, and soil water regimes [J]. Catena, 46: 103-123.

Rose C W, ParLarge J Y, Sander G C, et al. 1983. A kinematic flow approximation to runoff on a plane: An approximate analytic solution [J]. Journal of Hydrology, 63: 2110-2115.

Rose C W, Willians J R, Sander G C, et al. 1983. A mathematical model of soil erosion and deposition processes: I. Theory for a plane land element [J]. Soil Sci. Soc. Of Am. J., 47: 968-987.

Sakals M E, Sidle R C. 2004. A spatial and temporal model of root cohesion in forest soils [J]. Canadian Journal of Forest Research, 34 (4): 950-958.

Schmid K M, Roering J J, Stock J D, et al. 2001. The variability of root cohesion as an influence on shallow landslide susceptibility in the Oregon Coast Range [J]. Can. Geotech. (380): 995-1024.

Smith K A, Mullins C E. 2001. Soil and environmental analysis [J]. Atkinson an Dawson., (12): 435-497.

Waldron L J, Dakessian S. 1981. Soil reinforcement by roots: Calculation of increased soil shear resistance from root propenies [J]. Soil Science, (13): 427-435.

Waldron L J. 1977. The shear resistance of root-permeated homogeneous and stratified soil [J]. Soil Science Society of America Journal, (4): 843-849.

Wang H S, Liu G B. 1999. Analyses on vegetation structures and their controlling soil erosion [J]. Journal of Arid Land Resources and Environment, 13 (2): 62-68.

Wang Y K, Wu Q X, Zhao H Y, et al. 1993. Mechanism on anti-scouring of forest litter [J]. Journal of Soil and Water Conservation, 7 (1): 75-80.

Williams J R, Berndt H D. 1977. Sediment yield prediction based on watershed hydrology [J]. Transaction of the ASAE, 20 (6): 1100-1104.

Wu J W. 2000. Landscape concepts and theories [J]. Chinese Journal of Ecology, 19 (1): 42-52.

Wu T H, Beal P E, Lan C. 1988. In-situ shear test of soil-root systems [J]. Journal of Geotechnical Engineering, (14): 1376-1394.

Wu T H, Mckinnell W P, Swanston D N. 1979. Strength of tree roots and landslides on Prince of Wales Island, Alaska [J]. Canadian Geotechnical Journa, (1): 19-33.

Wu T H. 1976. Investigation of Landslides on Prince of Wales Island, Alaska [R]. Columbus: Ohio State University.

Xu J X. 2005. Thresholds in vegetation-precipitation relationship and the implications in restoration of vegetation on the Loess Plateau, China [J]. Acta EcoLogica Sinica, 25 (6): 1233-1239.

Zhang G H, Liang Y M. 1996. A summary of impact of vegetation coverage on soil and water conservation benefit [J]. Research of Soil and Water Conservation, 3(2): 104-110.

Zienkiewicz O C, Humpeson C, Lewis R W. 1975. Associated and nonassociated visco-plasticity in soil mechanics [J]. Geotechnique, 25 (4): 671-689.

第 2 章　试验区概况及设计

2.1　野　外　试　验

2.1.1　试验区概况

本书所选野外试验地为罗玉沟流域的桥子东沟内。该流域位于甘肃省天水市北郊的罗玉沟流域，地处 105°30′30″～105°44′20″E，340°35′20″～340°39′20″N，属陇西黄土高原与陇南山地的过渡地带。罗玉沟流域是渭河一级支流耤河的一条支沟，流域长 21.63km，宽 3.37km，呈狭长形，面积为 72.79km²，其中，现代侵蚀沟沿线以上的坡面面积占流域总面积的 48.4%，沟壑面积占 51.6%；流域地势由西北向东南倾斜，最高处为凤凰山顶，海拔为 1895.6m，最低处为左家场测流断面沟底，海拔为 1165.1m，平均海拔为 1537.6m。流域主沟道长 21.63km，沟道比降为 2.3%，沟壑密度为 5.09km/km²。罗玉沟流域示意图如图 2.1 所示。

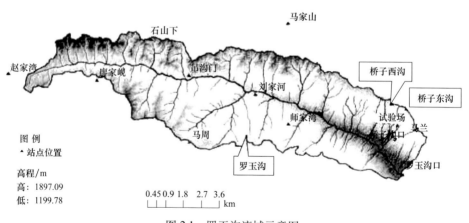

图 2.1　罗玉沟流域示意图

罗玉沟流域具有典型的黄土梁状丘陵沟壑区地貌特征。发育的地貌类型包括谷坡、黄土梁、沟谷、河流阶地、沟台地和河漫滩，谷坡和沟谷为其主要地貌类型，分别占流域面积的 26.9% 和 51.5%。谷坡地面完整，坡度较缓，多开垦为农田；沟谷地坡度陡峻，多不宜耕种，土壤侵蚀严重，坡面支离破碎，以水力侵蚀为主，伴有滑坡、崩塌、泻溜等重力侵蚀；黄土梁（包括斜梁和平梁）分布在流域分水岭上，面积仅占 1.5%；沟台地发育在主沟道两侧的阶地或支沟两侧，面积占 19.3%；河漫滩主要分布于主沟道两侧，宽 10～50m，多为优质农田，面积仅占全流域的 0.8%。罗玉沟流域平均坡度为 18.8°，最大坡度达 65°。

桥子东、西沟为罗玉沟流域下游左岸一级支沟上的两个二级支沟，均系切沟型沟谷，是黄河水利委员会天水水土保持试验站在 1985 年设立的对比试验小流域。桥子东沟流域长 2km，宽 0.68km，呈半扇形，面积为 1.36km^2，干沟长 2.04km，沟道平均比降为 8%，相对高差为 377m，沟壑密度为 5.13km/km^2；桥子西沟流域长 1.09km，宽 0.5km，呈长条形，面积为 1.09km^2，干沟长 2.12km，平均比降为 6%～10%，沟壑密度为 5.09km/km^2。

2.1.2　试验小区及试验装置

2.1.2.1　试验小区选取依据及小区布设

试验于 2008 年 8 月，在黄河水利委员会天水水土保持科学实验站进行，此实验站位于罗玉沟流域，属黄土高原丘陵沟壑区第三副区，是我国西部的一个典型地区。流域内沟坡面积比值为 0.153。根据前人调查结果和实地勘测结果显示，小于 10° 的坡面占流域面积的 20.3%，大于 20° 的坡面占流域面积的 24.4%，10°～20° 的坡面达流域面积的 43.9%，平均坡度为 18°，坡度最高频率出现在 10°～30°，尤以 15°～20° 频率最高。流域内山地灰褐土为典型地带性土壤，占全流域土壤面积的 91.7%，分配产生鸡粪土、黄坂土、黑红土和杂色土。

该流域自然植被较差，植被覆盖度约占 30%，流域内有主要高等植物 49 科230 余种，乔木以刺槐、白杨为主，草本以紫花苜蓿、车前、冰草、节节草和蒿类为主。全区农耕地占流域面积的 55%，其他主要土地类型有草地、林地等。分别选取该流域内坡耕地、林地、草地和荒地作为试验小区，小区内的植物为流域内的主要植被类型，植被覆盖度控制在 8%～52%，坡度控制在 5°～30°，土壤类型为黄坂土和黑红土。因此，试验所选降雨小区可以基本代表该流域内的典型植被类型。

按照上述调查结果，本次试验在罗玉沟流域桥子东沟的自然坡面上布设了4 个径流小区，其植被类型分别为荒地、林地、草地、坡耕地，各小区基本情况如表 2.1、表 2.2、图 2.2 所示。选取的 4 个试验小区降雨面积均为 2m×10m，0～20cm 土层土壤容重为 1.27g/cm^3 左右。为防止试验过程中坡面水流发生侧渗，四周用薄钢板隔离，并在小区出口处设置水槽收集坡面径流。

2.1.2.2　模拟降雨试验装置

野外试验模拟降雨装置采用西安理工大学水资源研究所设计研制的下喷式降

表 2.1　试验小区参数表

编号	条件	容重 /(g/cm³)	土壤类型	平均坡度 /(°)	初始覆盖度 /%	初始含水率 /%	植被类型
Ⅰ	荒地	1.29	红油土	10	8	12.8	冰草、车前
Ⅱ	林地	1.22	黄绵土	20~30	78	19.3	刺槐、冰草、二裂委陵菜、节节草、鹅冠草
Ⅲ	草地	1.25	黄绵土	20	52	12.2	冰草、白蒿
Ⅳ	坡耕地	1.31	黄绵土	5	21	14.5	紫花苜蓿、车前

表 2.2　试验小区类型及植被概况

编号	条件	小区类型概况	小区植被覆盖概况
Ⅰ	荒地	废耕时间较长，达 10 年以上，地表有少量杂草覆盖	一年生植被，覆盖层简单
Ⅱ	林地	林木与草地，林木为次生刺槐林	覆盖层较厚，共有三层，最上为草地，其次为 2cm 厚的枯落物层，再次为 3cm 厚的腐殖质层
Ⅲ	草地	地表种植冰草、白蒿	覆盖层为三层，但厚度较小，枯落物层与腐殖质层均为 1cm
Ⅳ	坡耕地	常用耕地，有一定的水土保持耕作措施，近 3 年内未耕作	覆盖层简单，覆盖率低的苜蓿覆盖

雨器（图 2.2），试验装置主要分 3 个部分，即供水、稳压、降雨三部分。人工模拟降雨试验采用两联单喷头对喷式降雨器，降雨雨滴组成与天然降雨接近，喷头孔径从 1~8mm 变化，最大雨滴直径可达 5mm，每个喷头降雨覆盖面积为 3~4m²，生成的雨滴有效降落高度为 6m。雨强率定结果表明，该降雨器的降雨均匀系数达 85% 以上，降雨稳定性良好。根据降雨器的孔口直径大小和压力表调节水压来调节降雨强度，降雨强度变化范围为 0.5~3.5mm/min，可模拟黄土高原的正常降雨条件。

　　在野外试验过程中，选择了 1.0mm/min、1.5mm/min、2.0mm/min 三种雨强，由于降雨器本身和人为试验的误差，在雨强调试过程中，很难达到与设计雨强相同的雨强，只能用与实际雨强相接近的雨强，试验用水为水泵抽取附近水塘积水。

　　通过模拟降雨装置，可以对降雨及其过程进行有效控制，模拟各种雨强的降雨，从而研究不同模拟降雨下坡面降雨径流侵蚀产沙过程。每次降雨前需要率定雨强，控制雨量和均匀系数，使降雨达到要求。

（a）荒地　　　　　　　　　　　　　　　　　　（b）林地

（c）草地　　　　　　　　　　　　　　　　　　（d）坡耕地

图 2.2　野外模拟降雨试验装置及径流小区

2.1.2.3　雨强率定

雨强率定的基本原理是在不同的孔口直径和输送水的压力情况下，测定坡面上不同降雨强度的大小。用在一定水压条件下，更换喷头内部孔径，从而形成各种均匀的降雨强度，再将各个喷头组合排布，即可形成设定区域内不同雨强的降雨。在实际操作中按照降雨历时 5min，用塑料布将径流小区遮盖好，用直径相同的水桶按一定的密度布设，然后测定桶中 5min 的降雨量，用量筒来测量其降雨量体积，然后求其雨强，即可得到实际的降雨强度和降雨平均系数。如果测定的平均降雨强度与设计雨强相差较大，则调整供水管网内的供水压力和喷头直径，重复上述雨强率定工作，直至测定雨强与设计雨强之间的差值满足要求为止；撤去试验小区坡面上的塑料布后，正式开始模拟降雨试验。

2.1.3　试验设计与方法

野外试验开始前，先把径流小区表面浮土清理干净，在小区外部坡面上、中、下部各等距离选择两个点取样，并用烘干法和环刀测定其 0～10 cm 深度的土壤前期含水量和土壤容重。试验时，采用 1.0mm/min、1.5mm/min 和 2.0mm/min 三种雨强，产流开始时即进行观测。根据径流过程达到稳定状态，确定降雨历时为 30min。试验过程中每隔 1min 收集一次径流泥沙样，采用置换法求产沙量、含沙量，并在每次降雨前后采用测针法测量地表糙度。

试验分为两个阶段，首先未对坡面植被采取人工措施，均按照 1.5mm/min、2.0mm/min、1.0mm/min 雨强顺序分别在 4 个小区共进行 12 场试验，每场降雨时间间隔 48h，试验均在无风条件下进行。然后静置 7d，对林地、草地和坡耕地的植被采取人工措施，在 1.5mm/min 雨强下进行试验，每场降雨时间间隔 48h。林地进行 3 场降雨，其人工措施依次为：①将坡面上部植被贴地面剪掉，保留根部；②将整个坡面植被贴地面剪掉，保留根部；③将整个坡面植被根部全部去除。由于试验条件有所限制，只在草地进行 1 场降雨试验，草地是将整个坡面植被贴地面剪掉，保留根部。其野外模拟降雨试验设计表见表 2.3。

表 2.3　野外模拟降雨试验设计表

试验阶段	植被类型	试验场次	雨强 /（mm/min）	人工措施
第一阶段（自然条件）	荒地	1	1.5	降雨前后进行地表微地形观测
		2	2	
		3	1	
	林地	4	1.5	
		5	2	
		6	1	
	草地	7	1.5	
		8	2	
		9	1	
	坡耕地	10	1.5	
		11	2	
		12	1	
第二阶段（人工措施）	林地	13	1.5	将坡面上部植被贴地面剪掉，保留根部
		14	1.5	将整个坡面植被贴地面剪掉，保留根部
		15	1.5	将整个坡面植被根部全部去除
	草地	16	1.5	将整个坡面植被贴地面剪掉，保留根部

2.2 室 内 试 验

室内模拟降雨试验在西安理工大学教育部西北水资源与环境生态重点实验室雨洪侵蚀大厅内进行。

2.2.1 试验装置

2.2.1.1 模拟降雨装置

模拟降雨装置采用西安理工大学水资源研究所设计研制的变压力针管式降雨器。降雨器由针管式降雨器、恒压供水箱、供水管路和控制阀等部分组成；水箱位于四楼，一直充满水以保证稳定的水压；水表用于控制流量；控制阀用于稳定水流，使水流均匀，其试验装置示意图如图 2.3 所示。

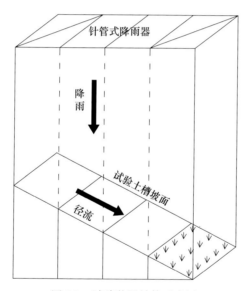

图 2.3   试验装置结构示意图

利用模拟降雨装置，可以对降雨进行有效控制，模拟不同类型的各种强度的降雨，研究降雨的各种特性（如降雨总量、降雨强度、雨滴大小、雨滴落速和降雨动能等）；通过不同的实验小区，可以模拟不同的下垫面边界条件（如坡度、坡长、植被、盖度和格局等）和径流侵蚀过程。

降雨器由有机玻璃制成，降雨器底板尺寸为 26cm × 102cm，在底板上装有 333 个 6.5# 医用不锈钢注射针头，针距 2.6cm，并按棋盘形布置。针头插在橡皮瓶塞上，再将此橡皮瓶塞嵌入底板预留孔内，其主要作用是当针头堵塞或坏了时便于更换；其次是为了便于降雨器应用于不同断面尺寸的土槽。此范围以外的底板预留孔均换上不带针头的橡皮瓶塞，这样可以保证在规定的范围内由针头形成均匀降雨。与其他类型的降雨器（如侧喷式、对喷式等类型降雨器）相比，具有下列优点：第一，降雨雨强容易控制，定高度恒压供水箱使箱内水压在降雨过程中保持稳定。第二，降雨均匀性能好。第三，野外使用方便，适应性强（范荣生和李占斌，1991）。

降雨范围的水平投影面积为 1m×4m，降雨器距离土槽面的高度为 13m。该降雨器的雨强容易控制，降雨过程中水压恒定，且降雨均匀性好，使用方便（傅伯杰等，1999）。针管式降雨器由有机玻璃制成，其降雨器设计示意图和实物结构如图 2.4 所示。

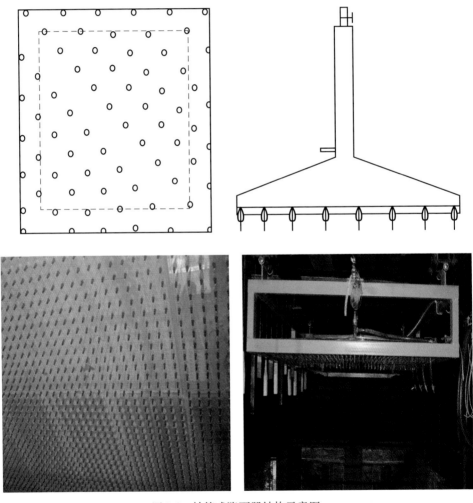

图 2.4　针管式降雨器结构示意图

2.2.1.2　试验土槽

试验用土槽采用 4.0m × 1.0m 的可变坡钢制土槽,变坡活动范围为 0°~30°,详见图 2.5。

图 2.5　室内降雨试验土槽

2.2.2　试验设计与方法

采用坡面实体模型进行坡面降雨试验。试验在宽 1m、长 4m 的试验土槽内进行。先在土槽下部铺填 20cm 厚的天然沙,以保持试验土的透水状况接近天然坡面,再在其上部分层填入 40~50cm 厚的黄土,填土之前,将野外运回的土样过 10mm 孔径的筛后填入土槽,土壤质地为轻壤土,试验用土壤颗粒组成见表 2.4。

表 2.4　试验土壤颗粒组成

粒径 /mm	>1.0	1~0.25	0.25~0.05	0.05~0.01	0.01~0.005	0.005~0.001	<0.001
百分比 /%	0	1.05	35.45	43.4	3.2	6.4	10.5

为减少填料与土槽结合处因边壁作用导致的土壤下陷,用黄土混水后铺上并夯实。试验用草取自西安市东郊一长势良好的草坡上,为防止试验时水流从接缝处和草带底部渗流,取草时均选取 0.5m × 0.5m × 0.5m 的完整草块,并将底部根系保留。将试验用草移植到坡面不同部位,将用草段面与裸土段面结合处夯实。填料结束后,将坡面整平以保证每次试验边界条件基本一致,并使试验槽内的土壤含水量控制在 11% 左右,土壤的干容重控制在 1.30g/cm³ 左右。填土完成后给坡面洒水,促使有草段面与裸土段面更好结合。

土壤含水量采用 spectrum-watchdog mini station 水分仪测量(model 2400),

测试探头型号为 Watch Scout SM 100 Sensor。该仪器可以对土壤含水量（体积含水量）进行实时监测，测量精度为 ±3%（25℃，10%～90%）。测量之前将探头埋放于坡面土体中，将探头面与坡面平行，探头轴线垂直于槽壁，埋放深度距土体表面 0.1m。试验中共放置 3 个测试探头，分别距离出口边界 1.2m、2.2m、3.2m。探头将测试所测数据以秒（s）为单位传回工作站，工作站完成数据存储。

本研究中，室内模拟降雨试验分为裸坡模拟降雨试验和有植被覆盖坡面模拟降雨试验两个阶段。

1）裸坡模拟降雨试验方法

裸坡模拟降雨试验采用 1.0mm/min，1.5mm/min，2.0mm/min 三种雨强，选取 18°、21°、25°、28°四个设计坡度，降雨历时 60min，每场试验重复一次，分析计算时采用两次试验数据的平均值。率定雨强大小和均匀度后开始试验，产流开始时即进行观测。试验过程中每隔 1min 收集一次径流泥沙样，采用置换法求产沙量、含沙量。

2）植被覆盖坡面模拟降雨试验方法

植被覆盖坡面模拟降雨试验采用 2.0mm/min 雨强，选取 21°和 28°两个坡度，降雨历时 60min，植被覆盖率为 25%、50% 和 75% 三种。因草被布置坡面位置不同，在每种覆盖度下产生多种植被格局，其中，25% 覆盖率有 4 种，50% 覆盖率有 5 种，75% 覆盖率有两种，详见图 2.6。试验所测试的方法和内容均与裸坡情况一致，其具体试验设计和植被布局情况详见表 2.5，每场试验重复一次，分析计算时采用两次试验数据的平均值。

表 2.5　植被覆盖模拟降雨试验设计表

试验编号	坡度/(°)	降雨历时/min	植被空间位置	植被覆盖率/%	试验编号	坡度/(°)	降雨历时/min	植被空间位置	植被覆盖率/%
1	28	60	1	25	12	28	60	4	25
2	21	60	1	25	13	28	60	3+4	50
3	21	60	1+2	50	14	21	60	3+4	50
4	28	60	1+2	50	15	21	60	2+3+4	75
5	28	60	1+2+3	75	16	28	60	2+3+4	75
6	21	60	1+2+3	75	17	28	60	2+4	50
7	21	60	2+3	50	18	21	60	2+4	50
8	28	60	2+3	50	19	21	60	2	25
9	28	60	3	25	20	28	60	2	25
10	21	60	3	25	21	28	60	1+3	50
11	21	60	4	25	22	21	60	1+3	50

注：以空间位置 1 代表最下端 1m 处铺有草块，以空间位置 4 代表最上端 1m 处铺有草块

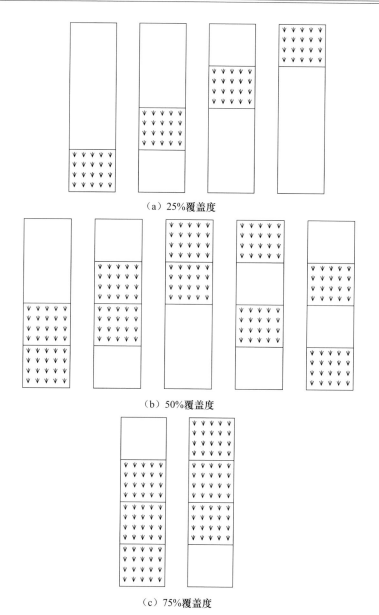

（a）25%覆盖度

（b）50%覆盖度

（c）75%覆盖度

图 2.6　植被格局布设示意图

2.3　小　　结

本章详细介绍了试验材料的基本情况，并根据试验要求进行了试验设计，同时对试验方法进行了详细的归纳总结。

参 考 文 献

范荣生，李占斌. 1991. 用于降雨侵蚀的模拟降雨装置实验研究 [J]. 水土保持学报，
　　5（2）：40-45.
傅伯杰，陈利顶，马克明. 1999. 黄土丘陵区小流域土地利用变化对生态环境的影响——以
　　延安市羊圈沟流域为例 [J]. 地理学报，54（3）：241-246.

第3章　不同植被类型坡面径流侵蚀产沙试验研究

生物措施是水土保持的三大措施之一，植被具有减少和削弱降雨侵蚀、增加入渗和减少径流量与流速、提高土壤抗蚀性与抗冲性，以及固土护坡的特殊作用。长期以来，国内外许多学者在植被减蚀作用方面开展了大量研究（陈永宗等，1988）。对于水资源极其缺乏的黄土高原地区，植被的恢复和重建是生态环境建设的一个主要部分和最佳选择（侯庆春等，1996；张殿发和卞建民，2000；闵庆文和余卫东，2002），因此，研究黄土高原地区植被的侵蚀产沙调控作用对正确评价植被减蚀作用，进一步明确小流域治理的重点和关键，解决当前水土保持措施的优化配置问题，加快区域生态环境整治，减少入黄泥沙有重要的科学意义和现实意义。

黄土高原植被侵蚀产沙调控作用研究历史悠久，并且取得了许多进展，有了比较系统的认识，但由于该领域研究问题的复杂性，研究手段和测量技术的限制，对植被减沙效应的研究多限于定性的经验统计分析，对其拦截水沙的过程，以及植被对径流、泥沙调控机理的研究并不多（潘成忠和上官周平，2005）。在黄土高原地区，坡面是构成山地丘陵和破碎高原最重要的景观单元，坡面侵蚀包括降雨及径流引起的土粒分散、剥离、泥沙输移和沉积三大过程。这3个过程并非相互独立，而是相互转化、相互影响的，研究和分析这些过程的影响转化机理是揭示植被对坡面侵蚀作用机制的前提。因此，开展不同植被类型下的坡面径流侵蚀产沙试验研究显得尤为重要。本章通过野外自然条件下模拟降雨试验，探讨不同植被类型下的坡面降雨产流、入渗和产沙特性，研究坡面径流产沙过程的发育过程，探讨不同植被类型下的水土保持功效作用。

3.1　不同植被类型坡面径流、入渗特征分析

3.1.1　坡面径流过程分析

土地植被类型是影响坡面乃至流域产汇流的一个非常重要的因素，为了探讨不同植被类型对坡面侵蚀产流的影响，分析雨强为 1.5mm/min 和 2.0mm/min 时四种植被类型下径流量的变化规律。

图 3.1 为雨强在 1.5mm/min 和 2.0mm/min 时四种植被类型下的坡面径流过程。从图 3.1 中可以看出，四种植被类型下的径流量都存在以下规律：降雨初期

径流量都较小，随着降雨历时的延长，径流量逐渐增大，荒地、草地和坡耕地径流过程的波动程度和径流量都远远大于林地。

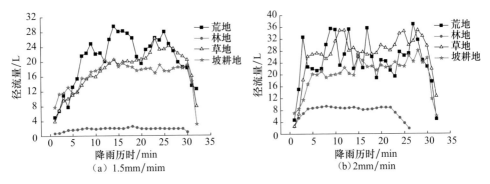

图 3.1　不同植被类型下径流过程

当雨强为 1.5mm/min 时，林地的径流量最小，其他三种植被类型下的径流量远远大于林地的径流量，荒地的径流量最大，草地次之。在整个降雨过程中，荒地的径流过程波动最大，在 20～28L/min 波动，径流量始终保持最大；草地和坡耕地的径流过程相似，先增加至一极值点，然后进入稳定波动状态，当试验进行到 13min 左右时，两者都达到了一个相对平稳的阶段；林地的径流量最小，且过程十分平稳，没有起伏，维持在 3.0～4.5L/min。总的来说，荒地的径流量为林地的 11 倍左右，是坡耕地和草地的 1.5 倍左右。当雨强为 2mm/min 时，情况与 1.5mm/min 雨强时基本一致，径流量均有所增大，径流的波动均有不同程度的增加。此时林地径流量在 7.0～8.9L/min 波动，草地和荒地在 25～34L/min 波动。草地的径流总量为 824.94L，和荒地的 793.23L 相差不多，坡耕地的径流总量居中，为 631.89L，林地的径流总量最小，仅为 48.55L。总的来说，荒地的径流量为林地的 16 倍左右，是坡耕地和草地的 0.96 倍和 1.25 倍。

综合以上分析，四种植被类型坡面在大雨强情况下，径流总量和径流过程的波动程度相对于小雨强时均有不同程度的增大，但增大的幅度受植被类型的影响，说明降雨强度和植被类型均是影响产流的主要因素。当雨强增大时，不同植被类型对径流量的拦截作用则逐渐变小，没有小雨强时明显，说明对低强度降雨具有更强的接纳能力。由试验结果可以看出，荒地和草地对降雨径流的调节能力差，坡耕地经过从原生地翻耕，而原有地表结皮进行翻耕改善了地表环境，使其具有多孔疏松结构，在一定程度上增加了入渗，延缓和减少了坡面径流，对降雨径流的调节作用要稍强于荒地和草地。由于草地的坡度较大，导致其对径流的调蓄作用较弱，而林地由于其特殊的生物功能对土壤性状的改善而对降雨径流有较强的调蓄功能，这种调蓄功能受降雨强度影响较小。

在研究坡面产流过程的基础上，进一步分析各植被类型坡面累计径流量的变化规律。图 3.2 为四种植被类型下两种雨强的累计径流过程。

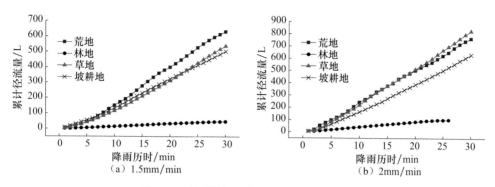

图 3.2　不同植被类型下累计径流量的变化

由图 3.2 可以看出，在模拟降雨条件下，四种植被类型坡面的累计径流量均随着降雨历时的增加而增大。累计径流曲线均平缓上升，存在一定波动，这与地表形态和水流状态有关。由于植被类型不同，累计径流量与降雨历时之间的关系曲线的斜率也不同，林地的径流量增长趋势最为平缓，斜率变化不大，其他 3 个坡面的径流增长速率则截然相反，增长趋势和涨幅都很大。在小雨强下，荒地累计径流曲线上升的速度较快，由于荒地产流时间较早，在降雨开始后很短时间内坡面上便出现薄层水流，流速增大，径流量也随之增加。坡耕地与草地次之，林地植被覆盖起到了很好的拦截径流、减弱水流动能的作用，其累计径流曲线始终缓慢上升。在大雨强下，荒地和草地累计径流过程的区别不如小雨强时明显，差异变小，是因为在大雨强下，随着降雨历时的增加，会在坡面上迅速形成细沟，此时径流沿细沟流动，受到的阻力减小，径流量随之增大。在这些因素的综合作用下，荒地、草地的径流过程和径流量差异减小，植被对降雨的拦截作用减弱。

3.1.2　坡面降雨入渗过程分析

降雨产流和入渗关系由降雨和下垫面条件决定。土壤入渗特性是评价土壤水源涵养作用和抗侵蚀能力的重要指标，也是模拟土壤侵蚀过程的基本输入变量，对侵蚀产沙有一定的影响。当下垫面条件（覆盖、土壤质地、容重等）发生变化时，入渗特征也随之变化。入渗率、湿润锋是描述入渗特征的主要指标，因植被根系影响入渗湿润锋的准确观测，而降雨入渗补给系数可反映雨水向土壤水转化的比例关系，因此，主要针对不同植被类型的入渗率、降雨入渗补给系数进行对比。图 3.3 为四种植被类型两种雨强下的坡面降雨入渗过程曲线。

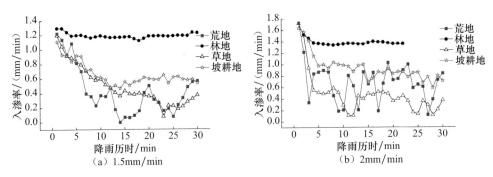

图 3.3　不同植被类型下的降雨入渗过程

其中，降雨入渗率（陈洪松等，2006）为

$$i = R\cos\alpha - 10V/[(t_{i+1}-t_i)S] \qquad (t \geqslant t_p) \tag{3.1}$$

式中，i 为降雨入渗率，mm/min；R 为降雨强度，mm/min；α 为土槽坡度，（°）；t_i、t_{i+1} 为各时段始末时间，min；t_p 为产流时间，min；V 为各时段对应的产流量，mL；$10V/[(t_{i+1}-t_i)S]$ 为各时段对应的地表径流量，mm；S 为坡面面积，cm²。

由图 3.3 可以看出，在雨强、初始含水率基本一致的条件下，四种植被类型的降雨入渗过程存在显著差异，入渗率随着降雨历时的增加逐渐降低，最后趋于平稳，不同植被类型的入渗率顺序一般为：林地>坡耕地>草地>荒地；林地的入渗率明显高于其他三种植被条件下的入渗率，入渗过程最为平稳，波动最小，且稳渗率最大，而荒地稳渗率最小。

当雨强为 1.5mm/min 时，林地的入渗率基本维在 1.12～1.30mm/min，入渗量和截流量达到最大。坡耕地和草地的降雨入渗过程在达到稳定后稍有波动，坡耕地的入渗率基本维持在 0.47～0.69mm/min，草地的入渗率基本维持在 0.18～0.39mm/min，而荒地的入渗过程呈逐渐下降趋势，且波动程度较大。总的来说，雨强为 1.5mm/min 时，当达到波动稳定状态时，林地的入渗率为草地的 3 倍左右，是坡耕地的两倍左右，是荒地的 4 倍左右。雨强为 2.0mm/min 时各坡面入渗规律大致相同，但是在大雨强下，林地的入渗过程稍有波动，其他三种植被类型坡面的入渗过程均较小雨强时出现较大波动，尤以草地与荒地最为明显，其中，荒地入渗率在 0.19～0.90mm/min 波动，而草地在 0.11～0.59mm/min 波动。总的来说，雨强为 2mm/min 时，当达到波动稳定状态时，林地的入渗率为草地的 3.5 倍左右，是坡耕地的 1.5 倍左右，是荒地的 3 倍左右。

在坡面降雨过程中，入渗补给系数是总入渗量与坡面总承雨量的比值，它表征降水向土壤水转化的比例关系，也说明降雨入渗效率，间接反映径流损失的相对值，该指标是反映降雨、入渗和水土保持的重要特征参数（李毅和邵明安，2006）。将两种雨强下，各个植被类型下的入渗补给系数进行计算，所得结果列于表 3.1 中。

表 3.1　不同植被类型下降雨入渗补给系数计算表

雨强 /（mm/min）	入渗补给系数 /%			
	荒地	林地	草地	坡耕地
1.5	0.30	0.89	0.37	0.45
2	0.27	0.73	0.26	0.43

由表 3.1 可以看出，在两种雨强下，林地的入渗补给系数始终是最高的，坡耕地次之，荒地和草地虽存在一定变化，但其值相对最小。表明林地的降水向土壤水转化的比例最大，荒地和草地的转化比例最小。由前论述可知，由于草地的坡度较大，其对径流的调蓄作用较差，导致 20° 的草地的调节径流和入渗功能与 10° 的荒地类似，但在一定程度上也说明了草地对降雨径流的调节和入渗能力要比荒地强。大雨强下，各个植被类型下的降水向土壤水转化的比例较小雨强均有所减小，说明各植被类型在大雨强下对降雨、径流的调节和入渗作用均较小雨强时有所减弱，这也同样验证了上述分析结论。

综合分析可知，荒地植被覆盖度低，地表结皮较多，因此入渗率最小，径流量最大；林地在有枯枝落叶层和腐殖质层的作用下能够有效增加土壤入渗，增大降雨向土壤水的转化效率，在很大程度上减少了径流量；草地在有植物根系的作用下，可以在一定程度上增加降雨入渗，但增加入渗和减少径流的作用有限；坡耕地在耕作措施实施后，破坏了地表结皮，改善了土壤性状，从而在一定程度上增加了土壤入渗，减小了径流。

3.2　不同植被类型坡面侵蚀产沙特征分析

在降雨过程中，水沙是系统间水流能量传递的媒介，不仅影响系统入渗、产流能力，同时也会影响系统径流的挟沙能力和侵蚀产沙量。植被类型同样也是影响坡面侵蚀产沙的一个重要因素，因此，本章开展了四种植被类型下坡面侵蚀产沙的过程研究。图 3.4 为雨强在 1.5mm/min 和 2.0mm/min 时四种植被类型下的侵蚀产沙过程。

由图 3.4 可以看出，两种雨强下的产沙过程同产流过程一样，均存在波动的情况，且产沙过程变化更为复杂，呈现出多峰多谷的特点，各雨强降雨的产沙过程与其产流过程没有很好的相关性。与径流过程不同的是，2.0mm/min 时的产沙量低于 1.5mm/min 时的产沙量，与实际规律相悖，究其原因，这是因为本章中每种植被类型选择一个坡面，在同一坡面依次进行野外降雨试验，在产流初期，坡面表土比较松散，抗蚀能力低，易受雨滴击溅和径流冲刷；随着降雨的持续，地表松散土粒逐渐减少，表层结皮形成，土壤入渗率稳定，坡面土壤侵蚀强度明

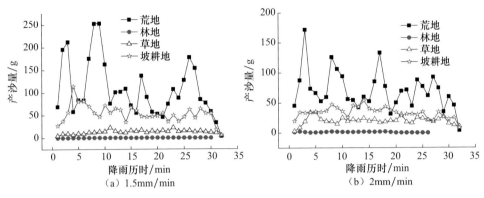

图3.4　不同植被类型下产沙过程

显减小，坡面产沙量逐渐减小。

由产沙过程可以看出，在两种雨强下，荒地坡面侵蚀产沙过程波动强烈，坡耕地的产沙过程波动程度也很大，与径流过程不同的是，草地的产沙过程波动程度很小，草地和林地的产沙过程都比较平稳。雨强为1.5mm/min时，荒地和坡耕地的产沙量要明显大于林地和草地的产沙量，其中，荒地产沙量在45.77～252.94g波动，坡耕地产沙量在35.13～81.48g波动，草地和林地产沙量始终较低且波动程度较小，草地产沙量仅在9.85～22.51g波动，林地产沙量仅在0.16～0.56g波动。总的来说，荒地的产沙量为林地的260倍左右，是草地的9倍左右，是坡耕地的3倍左右。雨强为2mm/min时，情况基本与1.5mm/min雨强相似，荒地和坡耕地的产沙量依然较大，其中，荒地产沙量在31.27～172.10g波动，坡耕地产沙量在25.59～53.56g波动，而草地与林地的产沙量也始终较低。总的来说，荒地的产沙量为林地的180倍左右，是草地的5倍左右，是坡耕地的两倍左右。

降雨侵蚀过程中，细沟联通侵蚀加剧，细沟两边的边壁开始坍塌，随着边壁的拦挡和冲开，冲刷、坍塌反复交替发生，侵蚀发生波动，因此，在侵蚀过程中出现多峰多谷的现象。荒地的土壤结构较为松散，在雨滴击溅作用下，地表土壤结构容易遭到较大破坏，导致地表土壤颗粒更容易被雨滴击溅、被径流剥离；坡耕地土壤质地比较坚硬，耕作措施实施后，翻耕了地表结皮，改善了土壤性状，可以减弱雨滴击溅作用和径流冲刷作用，导致坡面土壤颗粒被击溅和剥离的数量比荒地小。与荒地、坡耕地坡面相比，林地、草地坡面的产沙量要小得多，说明坡面林、草植被的存在可以显著降低坡面降雨径流侵蚀量。在林、草坡面土壤的形成过程中，枯枝落叶层是有机质养分的主要来源，它对改善土壤结构起着直接的作用，林、草的有机质表土层和已分解的枯枝落叶层疏松多孔，具有很强的吸收降雨动能和渗透降水的能力。由曼宁公式可知，径流的速度变小，径流在坡面上流动的时间延长，径流的下渗量增大，使得地表径流量急剧下降，影响了径流冲刷能量和挟沙能量，而且相对于荒地坡面，其粗糙度系数很大，其阻延径流的作用十分明显。

图 3.5 是雨强分别为 1.5mm/min 和 2.0mm/min 时四种植被类型下的坡面累计产沙过程。从图 3.5 中可以看出，在两种雨强下，四种植被类型坡面的累计产沙量均随降雨历时的延长而增大；由于植被类型不同，累计产沙量与产流历时之间关系曲线的斜率也不同，在两种雨强下，曲线斜率大小顺序依次为荒地＞坡耕地＞草地＞林地，且荒地坡面曲线斜率远远大于其他三种植被类型坡面。

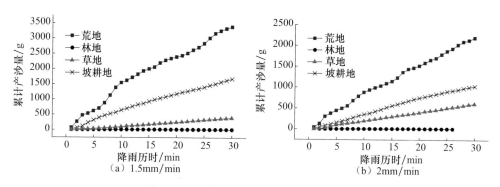

图 3.5　不同植被类型下的累计产沙量变化

荒地产流时间较早，径流量最大，意味着水流强度增大较快，在雨滴持续击溅作用下，坡面首先出现细毛沟，接着出现细沟，下部逐渐交汇，形成较大的径流，造成径流冲刷力进一步增大；随着降雨历时的延续，细沟逐渐向更宽、更深方向发展，从而导致荒地的细沟侵蚀加剧，含沙量增加，所以在累计产沙量曲线中波动的产生与细沟的形成有关。由于林冠截留和地表枯落物截留等腐殖质的影响，林地径流形成时间最晚，径流冲刷力最小，坡面侵蚀缓慢，所以曲线斜率最小，侵蚀量的增幅最小。坡耕地的耕作措施改善了土壤环境，较原生地或荒地而言，在一定程度上增加了径流入渗，使得径流、产沙都相对较小。草地地表植被覆盖度较林地小，其径流形成时间稍早，在径流量和荒地相差不多的情况下，两种雨强下的坡面产沙量却相对较小，侵蚀量的增幅也相对较为缓慢，说明草地对泥沙的调控作用比对径流的调蓄作用强。

3.3　不同植被类型坡面径流、产沙特征分析

3.3.1　径流含沙量与产沙量关联分析

在降雨过程中，坡面径流侵蚀实际是一个剥离与沉积不断变化的过程，因

此，只要有侵蚀，径流中便会含有泥沙，并且所含泥沙的量是不断变化的。径流中挟带泥沙的多少常用含沙量表示，坡面径流含沙量代表的是单位体积径流所挟带的泥沙量，径流含沙量的大小直接影响坡面侵蚀量的多少。

图 3.6 点绘了 1.5mm/min 雨强下，不同植被类型的径流含沙量的变化。可以看出，各植被类型下，径流含沙量均呈先增大后减小最终趋于平稳的趋势。从整个降雨过程来看，荒地的径流含沙量波动程度最大，明显大于其他植被类型；坡耕地的径流含沙量过程稍有波动，径流含沙量居中；林地和草地在整个降雨过程中，径流含沙量过程平稳没有波动，基本维持在 0.8 g/L 左右。

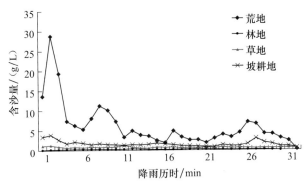

图 3.6　不同植被类型下径流含沙量变化

分析可知，荒地出现径流含沙量的这种变化趋势是跟侵蚀过程的发展密切相关的，在降雨初期，坡面侵蚀方式以面蚀、沟蚀为主，随着降雨历时的延长，坡面径流入渗逐渐减小，径流量增加，径流冲刷力增强，土壤挟沙力增大，坡面细沟快速加深展宽，径流含沙量剧增；而后，由于坡面侵蚀过程的持续，坡面土壤抗蚀力的空间差异和坡面微地形对径流侵蚀力的再分配作用，细沟侵蚀充分发展，坡面侵蚀产沙量比较稳定，并维持在一个较高的水平；随后，在细沟径流搬运过程中，随着搬运物质的增多，水沙二相流的浓度增大，径流冲刷动力大部分消耗于侵蚀泥沙搬运上，导致侵蚀能力相对降低，细沟发育程度相对降低，当径流搬运物质达到径流挟沙能力时，整个径流动力将全部用于泥沙搬运，而产生侵蚀冲刷的动力为零，土壤侵蚀量开始下降，径流含沙量降低，细沟形态趋于稳定。坡耕地经过人工锄耕后，地表延缓径流的作用要比荒地坡面的地表强，可以在一定程度上减缓流速，使径流冲刷力减弱，土壤挟沙力降低，但由于其改善土壤条件有限，径流含沙量较大。草地在有植被覆盖的情况下，由于植被的阻滞和拦挡，径流流速减弱，坡面入渗量增加，相应的径流冲刷力降低，径流含沙量减小，过程较为平稳。林地由于坡面腐殖质层的存在，能够吸收和阻延地表径流、减少地表径流平均流速、防止土壤溅蚀，加之土壤表层植被根系的存在可以提高土壤对径流侵蚀的抵抗力，可以进一步降低径流挟沙力，使含沙量最低且过程平稳。

　　系统来水来沙是系统之间水流能量传递的媒介，不仅影响坡面系统的入渗、产流能力，同时也会影响沟道系统的径流挟沙能力和侵蚀产沙量。根据泥沙分散与搬运相匹配的原理可知，径流侵蚀分散率与径流输沙能力和径流泥沙含量的差成正比。它们的差值越大，则坡面径流的侵蚀分散率也越大，因此，有必要分析侵蚀产沙量与含沙量的关系。图 3.7 点绘了不同植被条件下 1.5mm/min 雨强时含沙量与侵蚀产沙量的关系，其他雨强下也出现了相似规律，在此不再赘述。

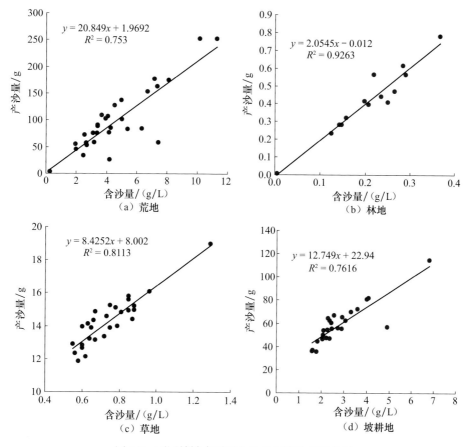

图 3.7　不同植被类型下含沙量与产沙量的关系

　　可以看出，在同一雨强下，随着含沙量的增大，产沙量也逐渐增加，也在一定程度上反映出土壤挟沙力与侵蚀量的关系。通过拟合，含沙量与侵蚀产沙量之间呈线性函数关系，其表达式为：$y=ax+b$（y 为产沙量，x 为含沙量），所有方程的相关系数均在 75% 以上，可见含沙量与产沙量具有很好的相关性。结合实际物理意义和数学概念分析可知，系数 a 更多地体现了不同植被类型条件下的产沙能力。荒地和坡耕地情况时的系数 a 要比草地和林地时的系数大，这主要是因为荒地和坡耕地的植被覆盖度较少，导致坡面径流输移能力相应增大，当对应于相同的含沙量情况时，径流的输移能力与坡面来水含沙量的差值就越大，因此，产沙量就大，a 值就越大。

3.3.2　径流量与产沙量关联分析

3.3.2.1　径流量与产沙量的相关关系

坡面累计径流量与累计产沙量之间的相互关系可以定量地反映坡面侵蚀过程中产流与产沙之间的动态变化规律，同时在一定程度上也反映了径流与入渗之间的变化关系。根据试验数据分析结果，本章对试验中所有降雨场次的累计径流量与累计产沙量进行函数拟合，发现累计径流量与累计产沙量的关系均满足幂函数 $y=Ax^B$ 形式（y 为累计产沙量，x 为累计径流量），相关系数均在97%以上，结果见表3.2。

表3.2　不同植被类型下累计径流量与累计产沙量关系计算表

植被类型	雨强/(mm/min)	拟合方程	R^2
荒地	1.5	$y=67.2x^{0.60}$	0.9915
	2.0	$y=9.85x^{0.81}$	0.9977
林地	1.5	$y=0.36x^{0.86}$	0.9926
	2.0	$y=0.51x^{0.75}$	0.9732
草地	1.5	$y=1.70x^{0.87}$	0.9995
	2.0	$y=1.88x^{0.86}$	0.9990
坡耕地	1.5	$y=7.66x^{0.76}$	0.9947
	2.0	$y=2.08x^{0.92}$	0.9989

图3.8为林地累计径流量与累计产沙量的函数关系，由表3.2和图3.8可以看出，随累计径流量逐渐增加，累计产沙量也逐渐增大。根据系数 A、B 的变化情况，并结合数学概念与实际坡面径流产沙的物理意义，定义 A 为产沙基准系数，A 值越大则产沙越多，A 值取决于植被类型、人工措施和土壤性状；定义 B 为产沙速率，根据试验数据确定 B 介于 0.5～1，B 值的大小取决于入渗率的大小，在同一植被类型下，入渗率越大则 B 值越小，这在一定程度上也体现出降雨强度的影响。实际过程线的波折程度则与入渗过程的波动程度密切相关，同一植被类型在入渗率大致相同的条件下，入渗率曲线波动程度越大，则实际累计径流量与累计产沙量的过程波动程度越大，而这一过程则取决于土壤性状和糙度对其产生的影响。

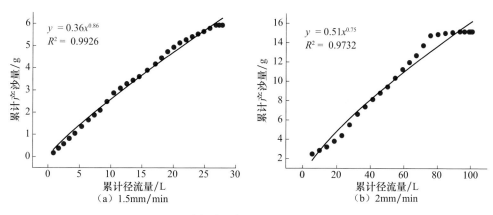

图 3.8　累计径流量与累计产沙量的函数关系

3.3.2.2　坡面侵蚀产沙发育过程分析

进一步对所有的过程线波动程度和变化趋势进行分析，可以看出坡面径流侵蚀产沙过程表现为 3 个明显阶段，定义为发育期、活跃期和稳定期 3 个阶段。图 3.9 为上半部植被贴地面剪掉时 1.5mm/min 雨强下累计径流量与累计产沙量的关系曲线。

对图 3.9 分析可知，在降雨初期，累计径流量与累计产沙量曲线呈下凹型，此时入渗率较大，入渗曲线下降较快（参见图 3.12），径流较小，产沙量较小，产沙速率相对缓慢，结合图 3.14 的产沙过程可以看出，该阶段多以片蚀为主，持续时间约为 10min，因此，将该阶段定义为侵蚀产沙的发育期。随着降雨的延续，过程曲线呈上凸形，此时入渗率相对减小，且出现波动状态，径流量增大，产沙量和产沙速率明显增

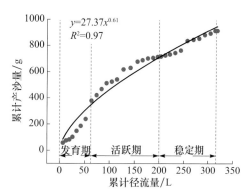

图 3.9　累计径流量与累计产沙量的函数关系

大，该阶段则更多体现了水蚀动力过程，以沟蚀为主，因此，将该阶段定义为侵蚀产沙活跃期。在降雨末期，过程曲线呈现平稳增长趋势，此时入渗过程相对稳定，流量增加至一定数值后达到稳定，产沙量和产沙速率也达到稳定状态，因此，将该阶段定义为侵蚀产沙的稳定期。这 3 个阶段入渗、产流产沙各有特点，但彼此之间的相互联系共同构成了一个完整的侵蚀产沙过程，其拟合的幂函数中，各参数和过程线的形状及波折程度体现出植被类型、土壤性状和人工措施对水沙调控的作用机制。

3.4 不同植被类型的水土保持功效辨识

3.4.1 不同植被类型的侵蚀产沙和侵蚀动力特征比较

以上各节对两种雨强下不同植被类型坡面的径流、入渗和产沙规律单独做出了相应的分析,在以上分析的基础上,进一步分析累计径流量与累计产沙量的变化规律和相关关系及侵蚀动力特征。在降雨过程中,水沙是系统间水流能量传递的媒介,不仅影响系统入渗、产流能力,同时也会影响系统径流的挟沙能力和侵蚀产沙量。土壤入渗特性是评价土壤水源涵养作用和抗侵蚀能力的重要指标,对侵蚀产沙有一定的影响,降雨入渗补给系数能够反映雨水向土壤水转化的比例关系。径流侵蚀功率综合表征了在流域次暴雨产输沙过程中的降雨和地表径流的产沙、输沙能力,直接反映了降雨和流域下垫面的时空差异对水蚀过程的影响,更直接反映了次降雨水蚀过程的侵蚀动力机制。

在试验第一阶段,四种植被类型的坡面均未采取人工措施,各小区按照相同的雨强顺序降雨,表 3.3 列出了三次降雨后各植被类型下稳定入渗率、径流量、产沙量、径流侵蚀功率等指标的平均值。经研究发现,坡度对试验结果影响较小,如果在同一坡度下,规律性会更加显著。在降雨过程中,四种植被类型下的入渗、径流和产沙过程均存在一定波动,但波动程度不同,最终趋于平稳。总的来说,林地的稳定入渗率为草地的 3 倍,坡耕地的两倍,荒地的 4 倍;对比不同植被类型对雨水向土壤水转化效率的影响,林地的雨水入渗比例为 88%,为荒地的 3 倍,草地的 2.5 倍,坡耕地的两倍;荒地的径流量为林地的 11 倍,草地的 1.2 倍,坡耕地的 1.35 倍;荒地的产沙量为林地的 180 倍,草地的 6 倍,坡耕地的 1.4 倍;林地的产流时间最长,坡耕地和草地次之,荒地最短。从次降雨水蚀过程的侵蚀动力机制上看,荒地输移径流泥沙能力为林地的 121 倍,坡耕地为林地的 96 倍,草地为林地的 65 倍。

表 3.3 不同植被类型下实测降雨侵蚀产沙计算表

植被类型	稳定入渗率 / (mm/min)	入渗补给系数 / %	径流量 /L	产沙量 /g	产流时间 /s	平均流速 /(m/s)	径流侵蚀功率 /[m⁴/(s·km²)]
荒地	0.29	0.29	400	1767	106	0.12	0.04978
林地	1.18	0.88	37	10	712	0.01	0.00041
草地	0.38	0.35	330	283	208	0.05	0.02702
坡耕地	0.59	0.44	297	1267	513	0.07	0.03954

由此可知，覆盖度仅有 8% 的荒地，植被覆盖度低，地表结皮较多，降雨侵蚀动力达到最大，流速最大，因此入渗率最小，径流量和产沙量最大；坡耕地改善了土壤结构，但其耕作措施仅能略微削减径流侵蚀能力，流速较大，使径流侵蚀产沙较多；覆盖度为 52% 的草地，由于植被冠层的作用，可在一定程度上降低径流侵蚀动力，减缓流速，增加土壤入渗，使坡面径流量、产沙量较少；覆盖度达到 78% 的林地在土壤性状和植被根系共同作用下，在很大程度上削减了径流侵蚀动力，减缓流速，因此，能够有效增加土壤入渗，减少侵蚀，水土保持措施功效十分明显。

3.4.2　水沙调控机制辨识

由以上分析可知，四种植被条件下，随降雨历时的增加，累计径流量和累计产沙量均逐渐增大，但不同的植被类型，水沙增加的速率和幅度有所差别。

图 3.10 和图 3.11 分别为 1.5mm/min 和 2mm/min 雨强时四种植被类型下累计径流量、产沙量的变化规律。从图 3.10 和图 3.11 中可以看出，在降雨过程中，林地的累计径流量和累计产沙量的增长趋势最为平稳，增长幅度很小，而荒地的径流产沙过程则截然相反，累计径流量和累计产沙量的增长趋势最快，增长幅度最大。综合考虑是由于林地厚度达 5cm 的枯枝落叶层和腐殖质层是地表的一个重要覆盖面和保护层，除了与林冠层一样能截持降水外，能够有效降低径流侵蚀动力、增加降雨入渗、增强土壤抗冲能力，所以能够吸收和阻延地表径流、减少地表径流平均流速、防止土壤溅蚀，并且土壤表层植被根系的存在可以提高土壤对径流侵蚀的抵抗力。荒地在缺少植被覆盖或覆盖度很小的情况下，地表结皮较多，不能有效增加土壤入渗，导致径流最大，产沙最多。草地和坡耕地的累计径流量和累计产沙量同样也随降雨历时的增加逐渐增加，且增长趋势和幅度始终位于林地和荒地之间，这与上述分析结论相一致。

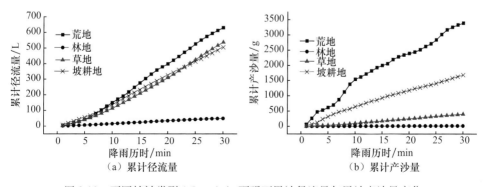

（a）累计径流量　　　　　　　　　（b）累计产沙量

图 3.10　不同植被类型 1.5mm/min 雨强下累计径流量与累计产沙量变化

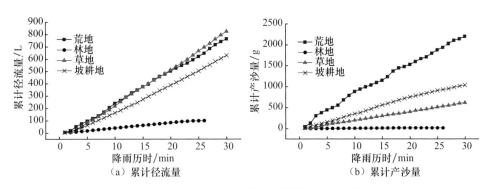

图 3.11　不同植被类型 2mm/min 雨强下累计径流量与累计产沙量变化

将三次降雨的林地条件下的径流量、产沙量平均值作为基准，其他植被类型的径流、产沙数据与其相比确定各自的水沙增长幅度，结果见表 3.4。

表 3.4　不同植被类型下水沙增长幅度对比

植被类型	径流增长倍数	产沙增长倍数	沙水增长倍数
林地	1	1	1
荒地	10.8	176.7	16.3
草地	8.9	28.3	3.2
坡耕地	8.0	126.7	15.8

对比表 3.4 中荒地、草地和坡耕地下的径流量、产沙量增长幅度可以看出，草地的径流量与产沙量的增长幅度与其他三者相比并未保持同步增长。荒地、草地和坡耕地的径流增长比率相近，径流量相近，但草地条件下的产沙增长率却远远小于荒地和坡耕地的产沙增长率，草地条件下的沙水增长比率仅为 3.2，荒地和坡耕地的沙水增长比率达到了 16，表明草地在径流量相对较大的情况下，产沙量却相对较少，这说明草地自身拦截泥沙的作用要比它增加入渗、减少径流的作用强，说明草地更具有直接拦沙的水土保持功效。林地可以很好地调蓄径流，因此，可以有效地减少泥沙，说明林地更具有蓄水减沙的水土保持功能。总的来说，不同植被类型，植被对坡面系统侵蚀产沙的调控效率和方式是不同的，因此，水土保持措施功效不同，草地对水沙的调控作用机制更多的是具有直接拦沙的水土保持功效，而林地的水土保持功效则更多体现的是蓄水减沙的水沙调控机制。

3.4.3　植被空间结构水土保持功效

试验进入第二阶段，分别对林地、草地采取相应的人工措施（见表 2.3）。

图 3.12～图 3.14 为在植被空间结构改变时 1.5mm/min 雨强下，林地、草地的累计径流、累计产沙和入渗过程。

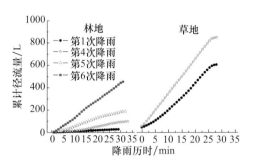

图 3.12   不同植被类型下降雨径流过程

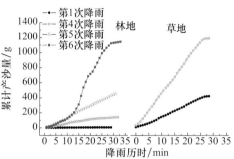

图 3.13   不同植被类型下降雨产沙过程

从图 3.12～图 3.14 中可以看出，林地和草地在植被空间结构改变时，入渗、径流和产沙规律均有不同程度的变化。林地条件下，当坡面上部和整个坡面植被贴地面剪掉时（第四次、第五次降雨后），入渗率有小幅度下降，下降比率为 11.75% 和 12.11%，入渗波动程度有所增加，径流量和产沙量均有一定幅度的增长，其径流量是初次降雨的 3.4 倍和 7.5

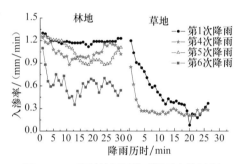

图 3.14   不同植被类型下降雨入渗过程

倍，产沙量是初次降雨的 27 倍和 70 倍；当整个坡面植被根部全部去除时（第六次降雨后），入渗率有大幅度下降，下降比率为 48.41%，入渗波动过程比较剧烈，径流量和产沙量有大幅度增加，是初次降雨的 16.6 倍和 176 倍。草地在将整个坡面植被贴地面剪掉后（第四次降雨后），入渗率下降较大，其下降幅度为 41%，径流量、产沙量有小幅增加，是初次降雨的 1.5 倍和 3.0 倍。据此点绘出不同空间结构下的径流量和产沙量的变化情况，如图 3.15 所示。

从图 3.15 中可以看出，当坡面上部和全部植被冠层草被剪掉时，径流量和产沙量有一定程度的增加，当坡面植被根系全部被剪掉时，径流量和产沙量有大幅度增加；从坡面植被减少径流和泥沙的角度分析，林地条件下，坡面上部植被可使径流量和产沙量分别减少 240% 和 2600%，坡面下部植被可使径流量和产沙量分别减少 410% 和 4300%，整个坡面植被可使径流量和产沙量分别减少 650% 和 6900%，植被根系的作用使径流量和产沙量分别减少 1560% 和 17500%，植被空间结构对水沙调控作用有明显差异，其中，植被根系的存在对发挥植被水土保持作用至关重要。综合分析可知，林地的水土保持措施功效具有蓄水减沙功能，该机

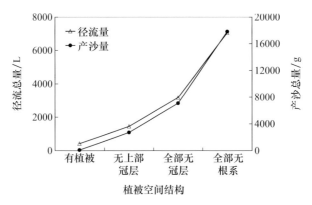

图 3.15　植被空间结构水沙调控作用顺序

制是通过植被根系和土壤性状的共同作用削减径流侵蚀动力、增加入渗、削减径流、减缓流速实现水沙调控；草地对水沙的调控作用具有直接拦沙的水土保持措施功效，该功效是通过地表植被冠层对水沙的拦截作用实现水沙调控。

3.5　不同植被类型坡面径流、侵蚀产沙差异性分析

3.5.1　径流、产沙单因素方差分析

在植被条件下存在植被类型和雨强两个独立因素。在此，本章对各个参数展开进一步分析。现对不同条件下的径流率、输沙率进行单因素方差分析，以确定径流、产沙的差异性。

本书采用 SPSS 13.0 统计软件，首先对不同雨强下的径流量与产沙量分别进行单因素方差分析，如表 3.5 所示。由分析结果可以看出，径流量与产沙量的 F 检验值均大于 1，说明组间方差大于组内方差；此外，观察的显著性水平 Sig. 值小于 0.05，即认为不同雨强之间径流量与产沙量的均值存在差异。

表 3.5　不同雨强下径流量、产沙量单因素方差分析

雨强因素		偏差平方和	自由度 (df)	均方	F 值	显著性水平 Sig.
径流量	组间	2330.871	1	2330.871	28.783	0.000
	组内	20002.548	247	80.982		
	总和	22333.419	248			
产沙量	组间	8359.859	1	8359.859	4.464	0.036
	组内	462591.848	247	1872.841		
	总和	470951.707	248			

继续对不同植被类型的径流量和产沙量进行方差分析。表 3.6 为不同植被类型下，径流量、产沙量的单因素方差分析计算表。可以看出，径流量与产沙量的 F 检验值与 1 相比远远大于 1，这说明组间方差远远大于组内方差，此外，观察的显著性水平 Sig. 值为 0.00，远远小于 0.05，因此可以拒绝原假设，即认为不同植被类型条件下径流量与产沙量的均值存在明显差异，说明植被类型对径流量和产沙量影响较大，各个覆盖率下的径流量和产沙量在 0.05 水平上存在明显差异。

表 3.6　不同植被类型下径流量、产沙量单因素方差分析

植被类型因素		偏差平方和	自由度 (df)	均方	F 值	显著性水平 Sig.
径流量	组间	12343.474	3	4114.491	100.907	0.000
	组内	9989.944	245	40.775		
	总和	22333.418	248			
产沙量	组间	274819.287	3	91606.429	114.431	0.000
	组内	196132.419	245	800.540		
	总和	470951.706	248			

3.5.2　径流、产沙二因素方差分析

通过上述分析可知，不同植被类型和不同雨强下的径流量和产沙量均存在显著差异。在此，本研究综合考虑两者主效应的影响及两者的交互效应，进行二因素方差分析。

由表 3.7 可以看出，雨强和植被类型的 F 值都大于 1，其 Sig. 值都小于 0.05，说明不同雨强和不同植被类型的产沙量存在明显差异；两者的交互效应的 F 值均大于 1，其 Sig. 值也小于 0.05，认为不同植被类型对不同雨强的产沙影响是不一样的，说明相互效应对产沙量的影响也较大。从三者的 F 值大小可以看出，植被类型（F=131.571）对产沙量的影响要大于雨强（F=13.425）的影响，而两者的交互效应（F=8.951）相对较弱，但在研究产沙量的影响因素时，三者都不可忽略。

表 3.7　有交互效应的产沙量二因素方差分析

源	Ⅲ型平方和	df	均方	F 值	Sig.
校正模型	303414.550[a]	7	43344.936	62.351	0.000
截距	344963.544	1	344963.544	496.226	0.000
雨强	9332.592	1	9332.592	13.425	0.000

源	Ⅲ型平方和	df	均方	F 值	Sig.
植被类型	274436.750	3	91478.917	131.591	0.000
雨强 * 植被类型	18668.555	3	6222.852	8.951	0.000
误差	167537.156	241	695.175		
总计	838359.106	249			
校正的总计	470951.706	248			

a：$R^2=0.644$（调整 $R^2=0.634$）

而植被类型和雨强对径流的影响却有所区别，表 3.8 显示雨强和植被类型的 F 值都远远大于 1，其 Sig. 值都小于 0.05，说明不同雨强和不同植被类型的产沙量存在明显差异，而两者的交互效应的 F 值接近 1，其 Sig. 值为 0.06，大于0.05，因此，认为不同植被类型对不同雨强的径流影响是一样的。说明植被类型和雨强的交互效应不显著，可以将此部分影响并入误差项内，而只考虑主效应的影响。从两者的 F 值大小可以看出，植被类型（$F=124.106$）对产沙量的影响要大于雨强（$F=62.048$）的影响。

表 3.8　有交互效应的径流量二因素方差分析

源	Ⅲ型平方和	df	均方	F 值	Sig.
校正模型	14590.677[a]	7	2084.382	64.878	0.000
截距	70770.593	1	70770.593	2202.800	0.000
雨强	1993.460	1	1993.460	62.048	0.000
植被类型	11961.628	3	3987.209	124.106	0.000
雨强 * 植被类型	241.679	3	80.560	2.507	0.060
误差	7742.741	241	32.128		
总计	96701.355	249			
校正的总计	22333.418	248			

a：$R^2=0.653$（调整 $R^2=0.643$）

由于雨强只有两个分类，不需要再做分析。对四种植被类型进一步运用多重比较，来分析各组之间的具体差别，如表 3.9、表 3.10 所示。均值差值一列内数据上角的星号说明结果在 0.05 水平上显著；在 Sig. 列内的值均小于 0.05。由结果可以看出，四种植被类型的产沙量均存在显著差异，但四种植被类型的径流量却有所差别，草地和荒地的径流量的 Sig. 为 1，远远大于 0.05，说明草地和荒地之间的差异并不明显，其他植被类型下的径流量存在显著差异。

表 3.9 产沙量 Bonferroni 多重比较结果

(I) 植被类型	(J) 植被类型	均值差值 (I—J)	标准误差	Sig.	95% 置信区间	
					下限	上限
草地	荒地	−72.3957*	4.64296	0.000	−84.7469	−60.0444
	林地	15.6094*	4.80717	0.008	2.8213	28.3975
	坡耕地	−27.0114*	4.64296	0.000	−39.3627	−14.6602
荒地	草地	72.3957*	4.64296	0.000	60.0444	84.7469
	林地	88.0050*	4.82452	0.000	75.1708	100.8393
	坡耕地	45.3842*	4.66092	0.000	32.9852	57.7833
林地	草地	−15.6094*	4.80717	0.008	−28.3975	−2.8213
	荒地	−88.0050*	4.82452	0.000	−100.8393	−75.1708
	坡耕地	−42.6208*	4.82452	0.000	−55.4551	−29.7866
坡耕地	草地	27.0114*	4.64296	0.000	14.6602	39.3627
	荒地	−45.3842*	4.66092	0.000	−57.7833	−32.9852
	林地	42.6208*	4.82452	0.000	29.7866	55.4551

* 均值差值在 0.05 级别上显著

表 3.10 径流量 Bonferroni 多重比较结果

(I) 植被类型	(J) 植被类型	均值差值 (I—J)	标准误差	Sig.	95% 置信区间	
					下限	上限
草地	荒地	−0.5496	0.99813	1.000	−3.2049	2.1056
	林地	17.4345*	1.03343	0.000	14.6854	20.1837
	坡耕地	3.7098*	0.99813	0.002	1.0545	6.3650
荒地	草地	0.5496	0.99813	1.000	−2.1056	3.2049
	林地	17.9841*	1.03716	0.000	15.2251	20.7432
	坡耕地	4.2594*	1.00199	0.000	1.5939	6.9249
林地	草地	−17.4345*	1.03343	0.000	−20.1837	−14.6854
	荒地	−17.9841*	1.03716	0.000	−20.7432	−15.2251
	坡耕地	−13.7248*	1.03716	0.000	−16.4838	−10.9657
坡耕地	草地	−3.7098*	0.99813	0.002	−6.3650	−1.0545
	荒地	−4.2594*	1.00199	0.000	−6.9249	−1.5939
	林地	13.7248*	1.03716	0.000	10.9657	16.4838

* 均值差值在 0.05 级别上显著

3.5.3 坡面径流、侵蚀产沙差异性分析

通过以上分析可知，在 0.05 水平上（95% 置信区间），四种植被类型的产沙量存在显著差异，而径流量的差别却有所不同，除荒地和草地两者径流量无明显差别外，其他两者之间均存在显著差异。据此，作出四种植被类型的两种雨强条

件下的径流率、输沙率箱图，以观测是否存在显著差异的原因。图 3.16、图 3.17 分别为两种雨强下产沙量、径流量箱图。

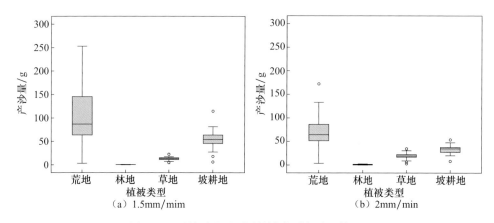

图 3.16　两种雨强下不同植被类型产沙量箱图

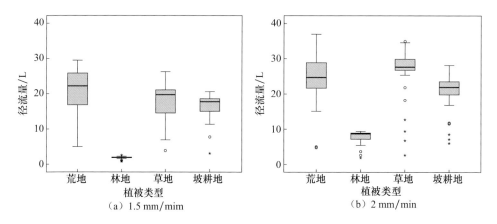

图 3.17　两种雨强下不同植被类型径流量箱图

由图 3.16 可以看出，不同植被类型条件下的产沙量在两种雨强下的排序一致，皆为荒地＞坡耕地＞草地＞林地。在两场降雨过程中，荒地的数据分散程度较大，"须"的范围超出了主体的范围，说明产沙过程波动剧烈，在其他三种植被条件下，数据分散程度很小，很少出现"须"的范围超出主体的范围，仅在坡耕地少量出现。每种植被条件的粗黑线（均值）已经超越或接近其他三种植被"须"的范围，说明四组均值的差别已经足够大，存在显著差异，表征了上述结论。

由图 3.17 可以看出，径流量箱图分布与产沙量的箱图分布并不一致。在两种雨强下，径流量排序发生改变，大雨强下，草地的径流量迅速增加，超过了荒地。降雨过程中，林地和坡耕地的粗黑线（均值）已经超越或接近荒地和草地

"须"的范围，其均值差别很大，存在显著差异。而在草地和荒地条件下，两种雨强下的均值差别不大，且两组黑线没有相互超越对方"须"的范围，不存在显著性差异，同样证明了上述结论。而且在大雨强下，草地的 6 个较小值奇异点和荒地部分点超出"须"的范围，表明在降雨过程中波动较大，荒地和草地对降雨径流的调节能力差，对其拦截作用则逐渐减弱，没有小雨强时明显，坡耕地经过从原生地的翻耕，而原有地表结皮进行翻耕，改善了地表环境，使其具有多孔疏松结构，在一定程度上增加了入渗，延缓和减少了坡面径流，对降雨径流的调节作用要稍强于荒地和草地，而林地由于其特殊的生物功能对土壤性状的改善而对降雨径流有较强的调蓄功能，这种调蓄功能受降雨强度的影响较小。

纵观图 3.16 和图 3.17 的变化规律可以看出，草地的径流量与产沙量的增长幅度与其他三者相比并未保持同步增长。草地在径流量相对较大的情况下，产沙量却相对较少，这说明草地自身拦截泥沙的作用要比它增加入渗、减少径流的作用强，说明草地更具有直接拦沙的水土保持功效。林地可以很好地调蓄径流，因此可以有效减少泥沙，说明林地更具有蓄水减沙的水土保持功效。总的来说，不同植被类型对坡面系统侵蚀产沙的调控效率和方式是不同的，因此，水土保持措施功效不同，草地对水沙的调控作用机制更多的是具有直接拦沙的水土保持功效，而林地的水土保持功效则更多体现的是蓄水减沙的水沙调控机制。

3.6 不同植被类型地表糙度变化特征分析

地表糙度是影响土壤侵蚀强度的主要因子之一，也是当前土壤侵蚀过程研究的主要内容。地表糙度作为反映地表微地貌形态和物理性状的指标，不仅是影响地表的水文学和水力学特性的一个重要特征值，而且还影响着渗透速率 (Larson，1962)、地表径流 (Allmaras et al.，1996)、地表凹陷处的蓄水量，以及风蚀过程中土壤颗粒的跃迁和拦截 (吴普特和周佩华，1993)，同时它还与降雨、风、冻融、土壤类型、土壤团聚状况、耕作方式、耕作深度等的关系十分密切 (Saleh，1993)。

3.6.1 地表糙度测量分析方法

地表糙度的概念已受到人们的普遍重视，但到目前为止，它的野外测量和计算还没有一种较为理想的方法。现在常用的方法主要有测针法 (Kruipers，1957)、杆尺法 (Brough and Jarrett，1992)、链条法 (Saleh，1993)、扫描法 (Hung et al.，1995；Burwell and larson，1969)。

1）测针法

测针法是由 Kuripers 提出的。用字母 R 表示地表糙度，并用接触式测针法测定其高程值，然后经计算而得糙度值。具体做法是，在某一面积地块上，用 10cm 间距的 20 根测针的微地形针，沿坡面测定 20 次，得 400 个高程值，通过式（3.2）计算糙度：

$$R=100\lg S \tag{3.2}$$

式中，R 为地表糙度；S 为各测点高程值的标准差。

Brough 和 Jarrett（1992）对接触式测针法的测针间距与地形起伏关系进行了试验研究，发现间距越小，测量结果越精确。但是，测量、收集和数据处理将需要大量的时间。因此，他建议在测量糙度时，可根据实际情况，将测针距离定为在 25mm 以下即可，且测定的结果有极好的相关性，并能满足精度要求。

2）杆尺法

该方法为用 20m、30m、40m、50m 长的测杆，顺径流方向置于地面，并用直尺量测地面凹地中点到杆的垂直高差（H），其平均值即为糙度 Rh：

$$Rh=LN\sum n_i = LH_i \tag{3.3}$$

式中，H_i 为地面凹地中点与对应杆间的垂直高差；N 为不同长度杆尺的数量。

3）链条法

该方法由美国人 Ali Salch 提出。该法认为，当给定长度（L_1）的链条置于地表时，其水平长度随着地面糙度的增加而减小，因此，通过计算出链条长度的减小值，即可得出衡量糙度的指数 C_r：

$$C_r=100(1-L_2/L_1) \tag{3.4}$$

式中，C_r 为地面糙度指数；L_1 和 L_2 分别为链条实际长度和放置地面后的水平长度。

以往的研究结果表明，链条法测定地表糙度所需样本的变差系数 C_v 和偏态系数 C_s 远小于杆尺法的结果。这说明，链条法的样本离散程度小，较对称，稳定性高，且效率也高。但对于野外不同尺度的地表糙度，尤其对起伏微小的地表（土块或团聚体形成的糙度）而言，链条法难以准确测定。

4）扫描法

Hung 等（1995）应用激光测距技术研究地表糙度，并通过一系列改进将其应用到野外试验研究。该方法借助光学三角测量技术，通过激光探头的移动测量地表相对高程，然后借助计算程序进行相关指标的计算。

糙度变化观测的研究主要体现在雨前糙度、降雨和径流的作用。降雨会使地表糙度值减小，而降雨累计量越大，地表糙度值减小的越快，两者可用下式表示：

$$Y=1/(a+bx) \tag{3.5}$$

式中，Y 为微地形指数；x 为累计降水量，mm；a、b 为反映起始条件土壤和降雨特征的常数。同理，降雨动能的累计量越大，糙度的减少值也就越快，两者的关系如下：

$$\text{RI/RI}_0 = a_0 \times \exp(a_1 x_1 + a_2 x_2) \tag{3.6}$$

式中，RI 为降雨结束后的地表糙度指数；RI_0 为降雨前的地表糙度指数；x_1、x_2 为累计降雨动能，MJ/hm^2；a_0、a_1 和 a_2 为回归系数。

通过对各种测量方法的分析比较以及试验条件的限制，本书选取测点法（测针法）作为糙度的测量方法。糙度测量在试验第一阶段（自然条件）下完成，测量均选择在初始状态和放置 48h 后，观测者在小区外部将水平测尺伸入小区内测量，不会对小区造成扰动，其中，水平测尺共放置 80 个（200cm/2.5cm=80）测针，采用测点法测量地表到水平杆尺的相对高程。测量过程中，平行固定四周边框，水平测尺平行放置于边框之上，以减少测量误差。根据野外实际情况和相关文献介绍，选取每 2.5cm 为一个测点，即共测量 $(1000 \times 200)\text{cm}/(2.5 \times 2.5)$ cm=32000 个点，按照 $R=100\lg S$ 计算地表糙度值，R 为地表糙度，S 为各测点高程值的标准差。

3.6.2　野外模拟降雨试验前后地表微地形变化

本书采用测针法测得不同植被类型下，野外模拟降雨前后的地表高程（相对高程）数据，利用 Surfer 8.0 软件绘制各个坡面地表的微地形图，如图 3.18～图 3.21 所示。其中，(a) 为降雨前的原始地表微地形图，(b) 为三场降雨完成后的地表微地形图。图中黑色部分代表该处地形较低，白色部分代表该处地形较高。

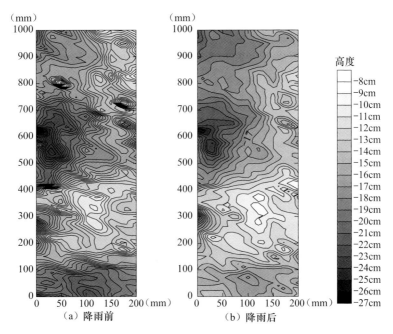

图 3.18　荒地降雨前后地表微地形变化图

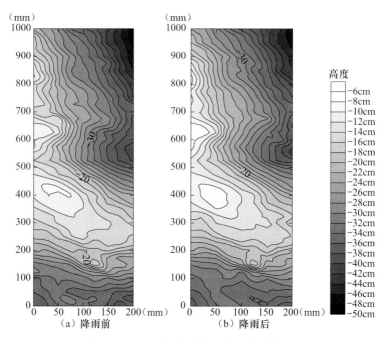

图 3.19 林地降雨前后地表微地形变化图

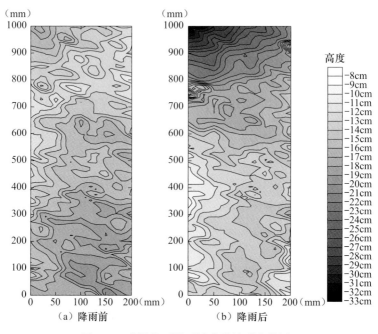

图 3.20 草地降雨前后地表微地形变化图

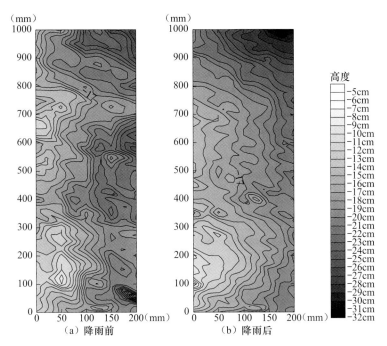

图 3.21 坡耕地降雨前后地表微地形变化图

表 3.11 为各植被类型下降雨前后地表糙度值变化情况。

表 3.11 各植被类型降雨前后地表糙度值变化

植被类型	初始地表糙度	三场降雨后地表糙度	增长比率 /%
荒地	46.16	59.00	27.82
林地	99.41	101.08	1.68
草地	37.17	67.28	81.01
坡耕地	58.43	64.48	10.35

图 3.18～图 3.21 反映出四种植被类型下地表微地形变化情况。从图 3.21 中可以直观地看出，经过了三场降雨之后，各个坡面中下部地表均有不同程度的抬升，而上部地表则出现一定程度的下降，与降雨之前相比，总体地面高程起伏程度加剧，但某些坡面局部地形较降雨前平坦。由表 3.11 可以定量比较出，与初始条件相比，三场降雨过后各个植被类型坡面的地表糙度均有不同程度增大，而次降雨后也表现出类似的趋势，此结果会在后续部分进行介绍。其中，林地的糙度增长率仅为 1.68%，增幅最小，地表微地形变化程度最小；荒地和坡耕地的糙度增长率为 27.82% 和 10.35%，增幅居中，其地表微地形变化程度居中；而草地糙度增长率为 81.01%，增幅最大，其地表微地形变化程度最为剧烈。

随降雨次数的增加，地表糙度会增大，这是由于地表糙度的演化与降雨有关。雨滴击溅是降雨侵蚀的最初形式，具有一定动能的雨滴打击地表，不仅将地表土壤击实，还能使部分土粒分散，从而造成雨穴，在局部位置地表开始有径流产生。坡面最初被很薄的水层所覆盖，很快发展到大部分坡面。坡面径流的出现使得雨滴的击打效果发生改变，当坡面有一层很薄的水层时，雨滴的击溅效果增强，以后随着径流深度不断增加，对地表作用增强，导致地表糙度增大。在后续的降雨作用下，由于凹凸不平的地表正负交错作用的频繁发生，使得径流与产沙的变化比较复杂。由于林地的枯枝落叶层和腐殖质层是地表的一个重要覆盖面和保护层，具有增强土壤抗冲能力、减少地表径流平均流速、防止土壤溅蚀、可以提高土壤对径流侵蚀的抵抗力的能力，因此，地表糙度增幅最小；荒地由于植被覆盖度较低，不能有效减少径流的冲刷与降雨的击溅侵蚀，导致糙度值增幅较大；坡耕地经过人工锄耕后，地表延缓径流的作用要比荒地坡面的地表强，糙度增幅较小；草地由于坡度最大，导致地表微地形变化最大；总的来说，无论在何种植被类型下，随着降雨场次的增加，地表糙度会呈现增大的趋势。

3.6.3　地表糙度与各影响因子关联分析

3.6.3.1　坡度对地表糙度的影响

降雨直接打击土壤表面可以使土壤颗粒分散、分离和发生跃迁位移。雨滴的击溅作用使地表土壤结构遭到破坏，从而改变地表糙度。地表径流在坡面流动过程中也会对地表土壤做功，同样可以使地表糙度发生变化。

坡度是影响降雨条件下坡面溅蚀的一个重要地形因素。坡度不同，雨滴打击地面的方向与能力大小不同，在坡面上形成地表径流的速度及流动状态也有所不同，从而导致坡面的地表糙度也不同。本书在模拟降雨条件下，以具有不同坡度的荒地、草地、坡耕地的地表糙度测定数据为基础，对比分析了坡度对坡面地表糙度的影响。

图3.22为野外模拟降雨前后不同坡度坡面地表糙率的变化情况。从图3.22中可以看出，第一阶段三场降雨之后，不同坡度坡面地表糙度均呈增大趋势，但坡度不同，其增大幅度有所不同。5°坡的地表糙度增幅最小，10°坡的居中，20°坡的最大。因此，在试验范围内，坡度越大，降雨前后坡面地表糙度的增加幅度越大，增加趋

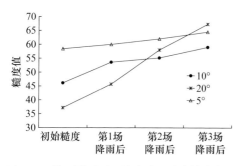

图3.22　降雨前后不同坡度坡面地表糙度变化

势越为明显，地表糙度变化越明显。

　　综合以上分析，地表糙度在降雨过程中发生了一系列动态变化，归纳其原因为：①雨滴击溅作用导致团聚体和土块等崩解；②产流后径流的剪切侵蚀作用，土粒随着降雨径流而分散迁移。降雨初期，雨滴击溅占主导，随着降雨的继续进行，径流侵蚀作用变大，糙度的变化明显增大。在降雨条件下，坡度越大，对地表的打击程度就越大；降雨动能越大，雨滴打击地面能力越强，对地表的影响越大。在此过程中，雨滴打击地表使土壤中的细小颗粒从土体表面剥离出来，并被溅散的雨滴带起而产生位移降落在坡面；同时，雨滴打击破坏了坡面土壤的固有结构，降低了土体的黏结作用，易于造成侵蚀及悬浮等过程的发生；降雨入渗量越小，径流量越大，同时径流在坡面上的流速就越快，径流对地表的剪切力就越大，径流冲刷地表使地表局部出现细沟的可能性就相应增大，故地表糙度增大。对于缓坡，降雨在坡面上形成的径流流动速度相对较小，在坡面易产生地表积水，对雨滴的打击起到了缓冲作用，从而对坡面地表土壤结构的破坏作用减弱，同时，缓坡上的径流流速小，径流剪切力小，径流对地表的冲刷作用小，坡面细沟不易形成，导致地表糙度变化幅度较小。总的来说，在降雨条件下，地面坡度越大，地表糙度增加幅度越大，地表微地形变化越为明显。

3.6.3.2　植被覆盖度对糙度的影响

　　将坡面按植被覆盖度进行对比分析，分析各坡面在不同植被覆盖度下降雨前后地表糙度变化，图 3.23 点绘了不同植被覆盖度地表糙度变化情况。由图 3.23 可知，每次降雨前后，各坡面糙度值变化规律一致，但变化幅度不一致。在次降雨过程结束后，各坡面糙度值变化大小不一，坡度为 10° 的荒地，地表覆盖度仅为 8%，地表糙度变化最为剧烈，糙度值变化范围为 46.16～59.00，变化值达到了 12.84，增幅达 28%；坡度为 20°～30° 的林地，植被覆盖度达 78%，地表糙度值变化几乎很小，变化范围为 99.41～101.08，变化值为 1.67，增幅仅为 1.68%；

坡度为 5° 的坡耕地，覆盖度为 21% 左右，变化范围为 58.43～64.48，变化值达 6.05，增幅达 10.35%，变化较荒地小，但较林地则强烈一些。

　　由图 3.23 可以看出，随着覆盖度的增加，地表糙度变化逐渐减小，说明地表因覆盖度的增加，抵抗降雨侵蚀的能力也增大。不同的植被类型，坡耕地与无人扰动的荒地，其糙度变化不同，坡耕地由于经过翻耕，地表土壤疏松，雨

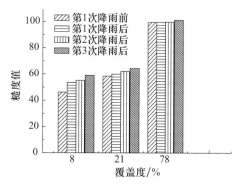

图 3.23　不同植被覆盖度地表糙度变化

滴打击时土壤颗粒较易被击溅分散，当径流产生时也较易被运移带走。林草植被可以阻截部分降雨能量，使土壤表面免于雨滴的直接击溅，同时可以增加下渗，减少径流总量和降低径流速度，并能形成低洼蓄水区使泥沙沉积；另外，植物枯枝落叶覆盖层还有很大的蓄水功能，积蓄部分的水分使之不能形成地面径流。所以在这几种情况的综合作用下，地表糙度的变化较坡耕地小。

综合以上分析说明，不同植被类型（盖度、质地、容重）对雨滴的击溅和径流的产生均有不同程度的影响，因此，糙度变化幅度不同。当地表植被覆盖度较高时，由于植被对雨滴的拦截作用，雨滴降落后无法直接打击在地层表面，使土壤颗粒接受雨滴打击时其一部分动能已被减弱。另外，由于植被及其根系对径流的拦截作用，能够吸收和阻延地表径流、减少地表径流平均流速、防止土壤溅蚀，可以提高土壤对径流侵蚀的抵抗力，糙度变化幅度较小。所以植被覆盖度越大，地表糙度变化越小，地表微地形变化越小。

3.6.3.3　地表糙度的空间变化

从物理学角度而言，降雨是对地表的一种做功过程，使得地表土壤在自然外力作用下发生的土体空间位置的变化、物质与能量变化作为其根本原因，贯穿作用于整个过程，导致土壤发生分散、输移、沉积。降雨强度对地表糙度的影响较大，对坡面不同位置的影响也有所不同。在野外降雨试验过程中，将每个径流小区坡面从坡上至坡下每 2.0m 分成一个坡段，一共分为 5 个坡段，每个坡段面积均为 2.0m×2.0m，坡段 1~5 依次为从坡面上部到坡面下部。本研究利用模拟降雨试验观测数据，分析了不同降雨强度对坡面各坡段地表糙度的影响。

图 3.24 点绘出了各植被类型各个坡段地表糙度在降雨前后的变化情况。从四种坡面的糙度值变化可以看出，经过相同的降雨场次之后，坡上至坡下每个坡段的糙度值均有不同程度的变化，随着雨强的增大，径流对糙度的作用增强。

荒地在降雨后糙度整体变化均较大，且变化主要在第二至第五坡段，观察降雨前后的糙度变化发现，初次降雨后地表糙度变化最大。这是由于荒地在降雨前地表起伏状态相对较大，在雨滴的打击作用下，坡面上部第一坡段土粒在凸起和凹陷处分散和迁移，使地表趋于平坦，糙度值变小；坡面其他坡段，地表起伏程度加剧，糙度值明显增大，从而地表糙度较降雨初期变化较大。之后随着降雨场次的增多，各场降雨后的糙度变化幅度有所减小，这是由于初次降雨对地表的侵蚀较剧烈，地表较松散的土粒被降雨击溅带走，随着土壤被雨滴击实，雨水渗入土壤中，使得土壤含水量不断增加，土壤黏粒等细小颗粒受雨滴击溅后堵塞土壤原有下渗孔道，甚至形成结皮，阻止了雨滴的进一步击溅作用。在这些因素共同作用下，导致地表土壤下渗能力随降雨延续很快降低，径流对地表的侵蚀影响作用也逐渐减小，地表糙度的变化则相对减小。

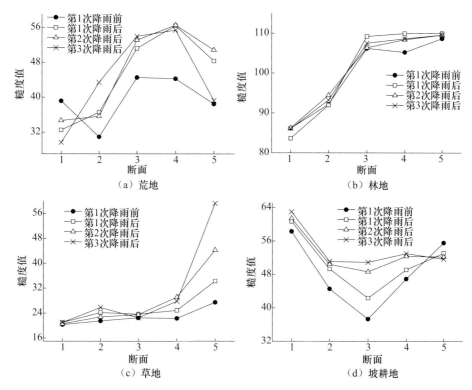

图 3.24　降雨前后不同植被类型坡段地表糙度变化

林地在各场降雨后的糙度变化不大，糙度值的整个变化过程十分平稳，各个坡段的糙度值也无明显变化。这是由于植被的拦截作用，雨滴降落后无法直接打击在地层表面，使土壤颗粒接受雨滴打击时其一部分动能已经被减弱，另外，由于植被的拦截作用，地表径流形成得很缓慢，故对地表糙度的影响较小，糙度变化较小。

草地的糙度变化具有明显的空间差异特征。各场降雨后，前 3 个坡段糙度变化无明显差异，从第 4 个坡段开始，糙度值有一定程度的增加，而第 5 个坡段糙度明显增大，这也引起了草地坡面的糙度增幅最大。这是由于坡面上半部分有植被的拦阻，在降雨过程中，径流对上部坡面的地形影响较小，在第 4 个坡段，上部坡面植被所拦阻的蓄水开始溢出或破坏部分阻挡，使得下部分松散的土体向下游出口处迁移或在凹处沉积，加之该坡面坡度较大，在坡面出口处第 5 个坡段处对地表的冲刷加剧，故第 5 个坡段地表糙度变化最大。

坡耕地的糙度变化具有明显的时间规律，随着不同场次降雨的进行，不同坡段糙度值逐渐增大，尤其在第 3 个坡段变化幅度最大。由于坡耕地有耕槽存在，且耕槽垂直于上下坡面，此时，上半坡面的耕槽对径流有一定的阻挡作用，而在第 3 个坡段，径流破坏了这种阻挡，使径流对这一坡段的侵蚀加剧，且随着雨强的增大，糙度变化越大。

综合以上分析，各个坡段的糙度变化情况总体上依然遵循随着降雨场次的增加，地表糙度会呈现增大的趋势，但在某一坡面几个坡段内会出现一定的空间变异性，如荒地的第一段面、坡耕地的第三断面，这种空间差异性受植被类型、人工措施等多方面因素的影响。这些空间差异性一方面导致在坡面某个坡面的地表凹陷逐渐被水填满，致使径流流速增加，流路较为集中，对地表的切割和拓宽作用明显增强，使得土壤团聚体崩解、团粒分散溅起，引起地表径流紊动、冲刷和土粒迁移；另一方面也会导致在坡面的某个坡段出现地表凹陷或障碍，进行蓄水，可减小径流流速，限制了径流，进而减小土粒的分散和搬运能力，致使产流产沙有一定的延迟。这便解释了有些坡段可以削减侵蚀作用，而有些坡段可以增加潜在的冲刷，加剧侵蚀。

3.7　小　　结

本章通过野外自然条件模拟降雨试验，研究了不同植被类型下，在自然状态和植被条件改变时，坡面侵蚀产沙量、径流量、入渗率的变化规律和相关关系，同时，对模拟降雨条件下的地表糙度特征进行分析，探讨变化规律和影响因素。小结如下。

（1）在相同的降雨条件下，荒地、草地和坡耕地坡面产流、产沙过程线均较林地表现出较为强烈的波动趋势，呈现出多峰多谷的特点，产沙过程较产流过程波动更为剧烈，各雨强降雨的产沙过程与其产流过程没有很好的相关性。四种植被类型，荒地的径流量为林地的 12 倍，为坡耕地和草地的 1.2 倍；荒地的产沙量为林地的 246 倍，为草地的 7 倍，为坡耕地的 1.5 倍；林地的稳定入渗率为草地的 3 倍，为坡耕地的 2 倍，为荒地的 4 倍；林地的雨水入渗比例为 88%，为荒地的 3 倍左右，为草地和坡耕地的 2.3 倍左右。从次降雨水蚀过程的侵蚀动力机制上看，荒地输移径流泥沙能力为林地的 121 倍，坡耕地为林地的 96 倍，草地为林地的 65 倍。林地可以有效改善土壤结构，有很强的水沙调控作用，受雨强影响较小，而荒地、坡耕地和草地受雨强影响较大，对低强度降雨具有更强的接纳能力。

（2）侵蚀产沙量随含沙量的增加呈线性增加，满足 $y=ax+b$，系数 a 体现了不同植被类型下的产沙能力，荒地和坡耕地的植被覆盖度较少，导致坡面径流输移能力相应增大，当对应于相同的含沙量情况时，径流的输移能力与坡面来水含沙量的差值就越大，产沙量就大，a 值就越大。

（3）不同植被类型的水沙调控效率、方式和水沙作用机制不同，因此，水土保持措施功效也不同，林地的水土保持措施功效具有蓄水减沙功能，该机制是通过植被根系削减降雨侵蚀动力、减缓流速、增加入渗、削减径流和减缓流速等途径实现水沙调控；草地对水沙的调控作用机制是体现在直接拦沙的水土保持措施功效上，该功效是通过地表植被冠层拦截实现水沙调控。植被空间结构对水沙的调控作用有明显差异，植被根系的存在对发挥植被水土保持作用至关重要。

（4）累计产沙量随累计径流量的增加呈幂函数增加，按照曲线趋势和波折程度，坡面径流、侵蚀产沙过程表现为发育期、活跃期和稳定期 3 个阶段，各阶段入渗、径流、产沙量和产沙速率均有各自的特点，但彼此联系，构成了一个完整的降雨侵蚀产沙过程，各参数和过程线的波折程度体现出植被类型、土壤性状对水沙调控的作用机制。

（5）不同雨强、不同植被类型下的径流量、产沙量均存在差异。植被类型和雨强以及两者的交互效应均对产沙有显著影响，植被类型的作用大于雨强，交互效应相对较弱。植被类型和雨强对径流有显著影响，植被类型的作用大于雨强，此时交互效应的影响并不显著。在 0.05 水平上，四种植被类型的产沙量均存在显著差异，而除荒地和草地两者径流量无明显差别外，其他两者之间均存在显著差异。其原因是草地在径流量相对较大的情况下，产沙量却相对较少，表明草地自身拦截泥沙的作用比它增加入渗、减少径流的作用强，进一步证明了草地更具有直接拦沙的水土保持功效。林地可以很好地调蓄径流，可以有效地减少泥沙，更具有蓄水减沙的水土保持功效。

（6）在降雨过程中，植被类型、雨强、降雨场次、坡度和植被覆盖度都会对糙度的变化规律和空间变异产生一定的影响。随着降雨场次的增加，地表糙度会呈现增大的趋势；地面坡度越大，地表糙度增加幅度就越大，增加趋势就越明显；植被覆盖度越大，地表糙度变化越小；坡面中各个坡段的变化情况总体依然遵循随着降雨场次增加，地表糙度呈现增大的趋势，但在某些坡段内会出现一定的空间变异性，导致有些坡段可以拦蓄径流泥沙，以削减侵蚀，而有些坡段可以增加潜在的冲刷，加剧侵蚀。这些因素共同影响着糙度的变化规律，某些情况下，单一因素成为主导因素，但在更多的情况下，多个因素和因素之间的交互效应成为影响糙度变化规律的主要因素。

参 考 文 献

陈洪松，邵明安，王克林. 2006. 土壤初始含水率对坡面降雨入渗及土壤水分再分布的影响
　　[J]. 农业工程学报，22（1）：44-47.

陈永宗，景可，蔡强国. 1988. 黄土高原现代侵蚀与治理 [M]. 北京：科学出版社.

侯庆春，韩蕊莲，韩仕锋. 1999. 黄土高原人工林地"土壤干层"问题初探 [J]. 中国水土保
　　持，（5）：10-14.

侯庆春，汪有科，杨光．1996．关于水蚀风蚀交错带植被建设中的几个问题 [J]．水土保持通报，16 (5)：36-40．

李毅，邵明安．2006．人工草地覆盖条件下降雨入渗影响因素的实验研究 [J]．农业工程学报，23 (3)：18-23．

闵庆文，余卫东．2002．从降水资源看黄土高原地区的植被生态建设 [J]．水土保持研究，9 (3)：109-117．

潘成忠，上官周平．2005．牧草对坡面侵蚀动力参数的影响 [J]．水利学报，36 (3)：371-377．

吴普特，周佩华．1993．地表侵蚀与薄层水流侵蚀关系研究 [J]．水土保持通报．13 (3)：1-5．

张殿发，卞建民．2000．中国北方农牧交错区土地荒漠化的环境脆弱性机制分析 [J]．干旱区地理，23 (2)：133-137．

Allmaras R R, Burwell R E, Larson W E, et al. 1996. Total Porosity and random roughness of the interrow zone as influenced by tillage [J]. USDA Conserv.Res.ReP., 7: 7-28.

Brough D L, Jarrett A R. 1992. Simple technique for approximating surface storage of slittilled fields [J]. Trans.American Society of Agricultural Engineers, 35 (3): 885-890.

Burwell R E, larson W E. 1969. Infiltration as influenced by tillage-induced random roughness and pore space [J]. Soil Sci.Soc.Am.Proc., 33: 449-452.

Hung C H, Noton L D, Parker S C. 1995. Laser scanner for erosion plot measurements [J]. Trans. ASAE, 38 (3): 703-710.

Kruipers H. 1957. A relief-meter for soil cultivation studies [J]. Agric. Sci., (5): 255-262.

Larson W E. 1962. Tillage requirements for corn [J]. Soil Water Cons., 17 (1): 3-7.

Saleh A. 1993. Soil roughness measurement: Chain methed [J]. Soil and Water Cons, 48 (6): 527-529.

第4章　植被对坡面径流侵蚀产沙过程调控试验研究

　　降雨及径流引起的侵蚀产沙是全球性的严重环境问题之一，在我国黄土地区表现得尤为突出。我国黄土地区是全球黄土分布面积和厚度最大的区域，该区地表植被覆盖差，土壤抗侵蚀能力弱，地形破碎复杂，多以暴雨形式降落。人类活动造成的植被破坏是影响流域侵蚀产沙的主要原因（焦菊英，2001）。长期以来，坡面侵蚀关系及其机理的研究一直是黄土高原土壤侵蚀研究中一个棘手且又亟待解决的问题。在黄土高原坡沟侵蚀研究的逐步深入过程中，人们逐渐认识到坡面与沟坡在流域产流产沙过程中的不可分割性。坡面和沟坡的植被措施在坡沟侵蚀系统侵蚀防治中起着重要作用，而破坏植被和不合理的开垦等人为活动加剧了坡沟系统土壤侵蚀过程。因此，在坡面侵蚀产沙耦合关系研究中，开展坡面草被不同覆盖度下侵蚀产沙特征的定量分析和侵蚀机制试验研究，对于深入认识区域坡面草被措施对侵蚀产沙的作用，建立反映多种产沙机制的流域土壤侵蚀预报模型有重要科学意义，对进一步明确小流域治理的重点和关键，合理配置水土保持措施，加快区域生态环境整治，减少入黄泥沙有着重要的现实意义。

　　植被因子是影响土壤侵蚀的敏感性因子，具有从根本上治理水土流失的作用（焦菊英，2001）。植被覆盖可以有效降低雨滴能量、增加土壤入渗、减少径流量与泥沙量（潘成忠，2005）。刘元宝等（1990）利用人工降雨试验对坡耕地在沙打旺、撂荒地和麦草3种植被条件下的水土流失情况进行了研究，并与裸露耕地进行了比较，结果表明，地面植被可以大大减少径流量和侵蚀量。由于植被覆盖度与径流量、土壤流失量之间的强相关性，我国长期以来主要以植被覆盖度评价研究植被的水土保持功能（王光谦，2006；徐宪立，2006；韦红波，2006；刘斌，2008；Zhang，2003），但是由于不同学者研究的对象和区域不同，使得研究结果有一定的局限性，造成了目前学术界对植被覆盖度与径流量、土壤流失量之间的定量关系尚未形成统一的认识（刘启慎，1994；吴钦孝，1992；孙昕，2009）。在降雨条件下，土粒的输运由雨滴和水流共同进行，雨滴本身的输运能力主要取决于其顺坡方向的速度，这种流动被称为降雨-水流输移或降雨诱发的水流输移，当坡面没有细沟发生时，这种输运方式占主导地位，整个坡面被成层地侵蚀掉了。植被加入后，对降雨雨滴动能和坡面流能量都造成影响，而坡面土粒的输运正是在雨滴和水流共同作用下进行的，因此，植被加入，坡面产流产沙过程有其自身的特点，有必要对其进行深入研究。本章通过室内模拟降雨试验，研究植被不同覆盖率及空间配置对坡面侵蚀、产沙和输移过程的影响，阐明植被配置对坡面系统侵蚀、剥离、输沙过程的作用机制。

4.1 裸坡坡面径流产沙特征分析

4.1.1 坡度对径流产沙的影响

坡度是决定径流和冲刷大小的基本要素之一，它不仅影响坡面径流的流速，还影响坡面入渗能力与径流量。因此，本小节针对坡度对径流、产沙的影响展开讨论。

4.1.1.1 径流过程

图 4.1 点绘了雨强为 1.0 mm/min、1.5 mm/min、2.0 mm/min 时，不同坡度的裸坡坡面累计产流量的时间关系曲线以及径流总量变化关系。

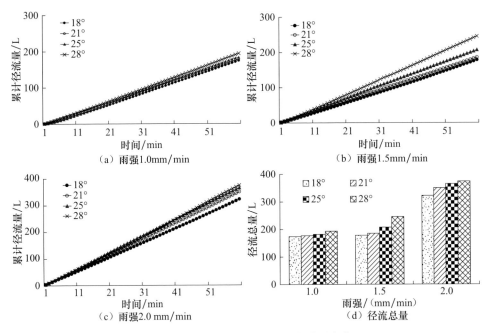

图 4.1 不同雨强、坡度下累计径流量变化

从图 4.1 中可以看出，在同一雨强下，不同坡度裸坡坡面累计径流量均随降雨历时的延长而平稳增大，且坡度越大，斜率即单位时间内产流越多，各个雨强下，累计径流量曲线斜率大小顺序均为 28°>25°>21°>18°。从累计径流量与坡度之间的柱状图中可以看出，在每种雨强下都表现出坡度越大，坡面径流总量也越大的规律。

四种坡度下累计径流量曲线均呈直线上升趋势，小雨强下幅度相差较小，随着雨强的增大，不同坡度之间的差异性增大。在裸坡坡面试验条件下，坡面表面相对平坦，降雨径流所受阻力作用小，试验开始阶段，下垫面受侵蚀情况相似，随着降雨历时的延长，不同坡度的坡面侵蚀形态发生改变，侵蚀程度和侵蚀形式也各不相同，因而径流过程的剧烈程度和径流总量随坡度的增大而增大，但在各雨强下差别较小。

4.1.1.2　产沙过程

图 4.2 点绘了雨强为 1.0 mm/min、1.5 mm/min、2.0 mm/min 时，不同坡度的裸坡坡面累计产沙量的时间关系曲线以及产沙总量变化关系。

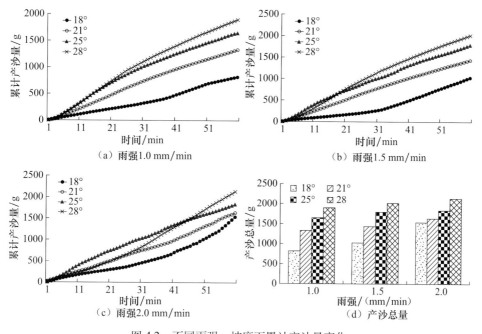

（a）雨强1.0 mm/min　　　（b）雨强1.5 mm/min

（c）雨强2.0 mm/min　　　（d）产沙总量

图 4.2　不同雨强、坡度下累计产沙量变化

结合图 4.2 中所示的试验规律和试验实际观察，在各雨强下，累计产沙量曲线有较小波动，这与坡面细沟侵蚀的发生、发展过程有关。三种雨强下，各角度坡面的产沙量均保持增长趋势，而 18°缓坡的产沙量增长同其他三种坡度稍有不同。降雨初期，其他三种坡度坡面的产沙量曲线斜率较大，产沙量增长速率较快，曲线呈上凸形；而 18°坡的产沙量增长速率较为缓慢，累计产沙曲线呈下凹形，这种趋势一直延续到降雨后 30min 后，才出现上凸趋势，产沙量才开始迅速增加。分析其原因是因为 18°坡坡度较缓，受雨滴击打地面的能力较弱，地表

径流速度较低，径流冲刷能力较弱，因此，坡面形成细沟侵蚀的时间要比其他 3 个坡度坡面晚，产沙量增长较为缓慢；经过 30 min 的降雨后，18°坡坡面开始出现细沟侵蚀，产沙量突然增大，相对降雨初期，曲线迅速上升，之后逐渐趋于平稳。在雨强为 2.0 mm/min 时，各个坡度的产沙量趋势相似，也是随降雨历时的延续逐渐增大。但 28°坡在试验进行到 30 min 左右时，累计产沙曲线出现较大转折点，产沙量急剧增大；结合实际试验观测，由于该雨强属于暴雨系列，坡面侵蚀相当剧烈，坡面下半部分已经被冲刷出较多的细沟，随着降雨历时的延续，已经发展到切沟侵蚀阶段，冲沟被径流冲刷得更深更宽，致使产沙量进一步增大，曲线骤然上升。

综合分析可知，在同一雨强下，不同坡度裸坡坡面累计产沙量均随降雨历时的延长而增大，与径流量、径流过程相比，产沙过程波动剧烈，产沙量差异显著，产沙趋势出现不一致的现象。总的来说，坡度越大，斜率即单位时间产沙量越大，不同坡度下累计产沙量曲线斜率大小顺序均为 28° > 25° > 21° > 18°。从累计产沙量与坡度之间的柱状图中可以看出，在同一雨强下，都表现出坡度越大，坡面产沙总量也越大的规律。

根据室内模拟降雨试验资料，以各自雨强下 18°坡坡面作为基准值，将各个雨强、坡度条件下，其他裸坡坡面径流量、产沙量同 18°坡坡面数据进行对比，其对比结果见表 4.1。

表 4.1　不同雨强、坡度下径流总量、产沙总量对比表

雨强 / (mm/min)	坡度 / (°)	径流总量 / L	比率 / %	产沙总量 / g	比率 / %
1.0	18	173.68	100	817.09	100
	21	177.26	102	1332.33	163
	25	182.18	105	1649.93	202
	28	193.4	111	1898.1	232
1.5	18	178.25	100	1026.12	100
	21	185.43	104	1435.3	140
	25	206.88	116	1793.66	175
	28	245.29	138	2015.89	196
2.0	18	322.32	100	1536.68	100
	21	349.73	109	1635.4	106
	25	365	113	1835.09	119
	28	374.32	116	2132.98	139

从表 4.1 中可以看出,在雨强一定的条件下,坡度越大,径流总量也就越大,坡面产沙总量也就越大。在每种雨强条件下,随着坡度的增加,累计径流量的增幅不大,最大增幅仅为 38%,累计产沙量的增加幅度明显大于累计产流量的增加幅度,最小增幅就已达到 39%,且这种增幅在 1.0 mm/min 和 1.5 mm/min 雨强下更为明显。综合分析可知,在每种雨强下,各个坡度径流总量相近,说明坡度对调蓄径流的作用相差不大,此时坡度这一因素对径流的影响较小;各个坡度的产沙总量差别较大,坡度对调控泥沙的作用明显,此时坡度这一因素对产沙的影响较大,而这一趋势在小雨强下更为明显。

4.1.2 雨强对径流产沙的影响

降雨强度对坡面侵蚀产沙过程同样具有十分重要的影响。在相同下垫面条件下,降雨雨强不同,坡面径流侵蚀产沙过程和程度也不尽相同。因此,本小节从坡度相同、雨强不同的角度开展在各个雨强下,裸坡坡面径流、产沙过程的研究。

4.1.2.1 径流过程

图 4.3 和图 4.4 分别点绘了坡度为 18°、21°、25° 和 28° 时,各个雨强条件下,裸坡坡面累计径流量的时间关系曲线以及径流总量变化关系。

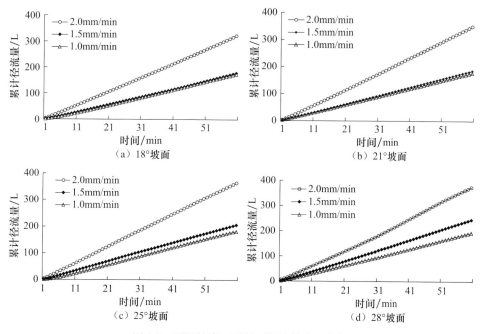

图 4.3 不同坡度、雨强下累计径流量变化

结合图 4.3 和图 4.4 可以看出,当坡面处于 18°～21° 缓坡时,雨强在 1.0mm/min

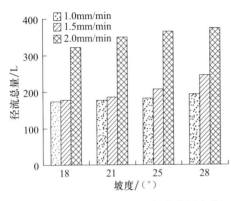

图 4.4　不同坡度、雨强下径流总量变化

与 1.5mm/min 下累计径流量曲线几乎重合，径流总量相差不多；随着坡度的增加，这两种雨强下的累计径流量曲线开始逐渐分开，径流总量差异开始增大。当雨强为 2.0mm/min 时，不论是陡坡还是缓坡，累计径流曲线斜率和径流总量均有大幅度提升，径流总量大幅度增加。总的来说，各坡度下，雨强越大，裸坡坡面径流总量就越大。不同雨强的裸坡坡面累计径流量均随降雨历时的延长而平稳增大；雨强越大，曲线斜率，即单位时间内径流量越大，在每个坡度条件下，不同雨强的累计径流量曲线斜率大小顺序均为：2.0mm/min＞1.5mm/min＞1.0mm/min，且 2.0mm/min 雨强下坡面径流量最大且增长幅度最大。

4.1.2.2　产沙过程

图 4.5 点绘了 18°、21°、25°和 28°时，不同雨强下，裸坡坡面累计产沙量的时间关系曲线和产沙总量变化关系。

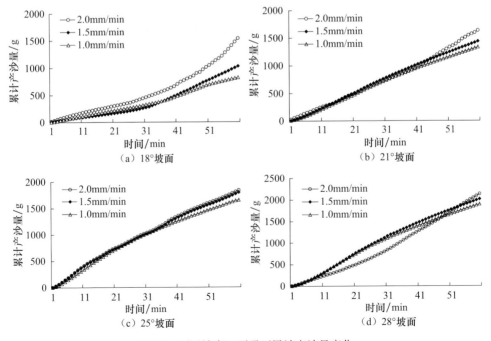

图 4.5　不同坡度、雨强下累计产沙量变化

　　由图 4.5 和图 4.6 可以看出，在每个坡度下，不同雨强的坡面累计产沙量均随着降雨历时的延长而增大，并也同样看出，在各个坡度下，与径流量和径流过程相比，产沙过程波动剧烈，产沙量差异显著。累计产沙曲线斜率，即单位时间内产沙量与雨强的关系不是十分明显，仅在 18°缓坡时有些差异。总的来说，相同坡度、不同雨强下的产沙总量在缓坡时差别较大，但在陡坡时差别不大，但总体趋势依然是雨强越大，产沙总量越大。

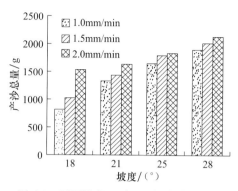

图 4.6　不同坡度、雨强下径流总量变化

　　根据室内模拟降雨试验资料，以各自坡度下 1.0mm/min 雨强下的数据作为基准值，将各个坡度、雨强条件下，其他雨强下的径流量、产沙量同 1.0mm/min坡坡面数据进行对比，其对比结果见表 4.2。

表 4.2　不同坡度、雨强下的径流总量、产沙总量对比表

坡度 /（°）	雨强 /（mm/min）	径流总量 /L	比率 /%	产沙总量 /g	比率 /%
	1	173.68	100	817.09	100
18	1.5	178.25	103	1026.12	126
	2	322.32	186	1536.68	188
	1	177.26	100	1332.33	100
21	1.5	185.43	105	1435.3	108
	2	349.73	197	1635.4	123
	1	182.18	100	1649.93	100
25	1.5	206.88	114	1793.66	109
	2	365	200	1835.09	111
	1	193.4	100	1898.1	100
28	1.5	245.29	127	2015.89	106
	2	374.32	194	2132.98	112

　　从表 4.2 中可以看出，在坡度一定的条件下，雨强越大，径流总量也就越大，坡面产沙总量也就越大。在同一坡度条件下，雨强在 1～1.5mm/min 范围内时，累计径流量和累计产沙量的增加幅度均较小，径流量最大增幅仅为 27%，产沙量最大增幅仅为 26%；当雨强为 2mm/min 时，累计径流量的增加幅度十分明

显，最小增幅已达到86%；而累计产沙量增幅除在18°缓坡坡面为88%，较为明显外，其他坡度下增幅均较小，最大增幅仅为23%。综合分析可知，每种坡度下，小雨强时，径流总量和产沙总量的差别均不大，说明小雨强对坡面调蓄径流和泥沙的作用较弱，此时雨强这一因素对径流和泥沙的影响较小；在每一种坡度下，较大雨强时，径流总量差别明显，此时雨强对径流的调控作用较强，说明大雨强这一因素对径流的影响较大；此时产沙总量仅在缓坡18°时增幅较大，其他坡度时不是十分明显，说明在裸坡条件下，雨强对泥沙的调控作用较弱，雨强这一因素对泥沙的影响较小。

4.1.3　径流、产沙关联分析

4.1.3.1　径流、产沙主导因素

前两节讨论了坡度、雨强对裸坡条件下坡面径流、产沙的影响作用。在此对裸坡坡面径流、产沙的主导因素和交互效应进行总结。采用 SPSS 13.0 统计软件对不同坡度、雨强下的径流率、输沙率进行二因素方差分析，图 4.7 和图 4.8 分别为各个坡度、雨强下径流总量与产沙总量的线性变化特征。

由图 4.7 和图 4.8 的分析结果可以看出，各条特征线均不相交，说明坡度和雨强的交互效应对径流和产沙的影响较弱，主要受坡度或雨强单一影响因子控制。通过对图 4.7、表 4.1、表 4.2 所反映的比例关系可以直观看出，在每种雨强下，随着坡度的增加，径流总量增幅不大，而在每种坡度下，随着雨强的增加，径流总量增幅明显，说明雨强是影响径流过程的主导因素。通过对图 4.8、表 4.1、表 4.2 所反映的比例关系可以直观看出，在每种雨强下，随着坡度的增加，产沙总量增幅明显；而在每种坡度下，随着雨强的增加，产沙总量增幅不大，说明坡度是影响产沙过程的主导因素。

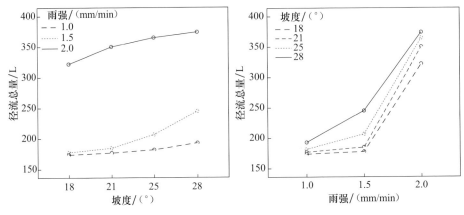

图 4.7　不同坡度、雨强下径流总量变化特征

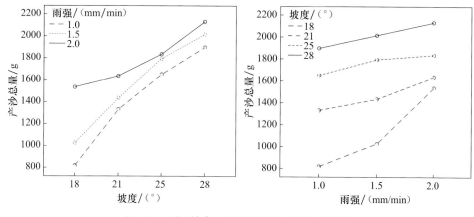

图 4.8 不同坡度、雨强下产沙总量变化特征

进一步对不同坡度、雨强下的径流、产沙数据进行分析，当雨强一定时，坡度每增加 3°～4° 时，径流量和产沙量分别增加 6.73% 和 23.78%，当坡度一定时，雨强每增加 0.5 mm/ min 时，径流量和产沙量分别增加 43.77% 和 7.45%。从坡度和雨强对径流、产沙贡献的角度来看，雨强对径流的贡献率达到了 87%，坡度对产沙的贡献率达到了 76%。

综合分析说明，在试验范围内，雨强是影响径流过程的主导因素，贡献率为 87%，坡度对径流的影响较小，尤其在大雨强下，这种作用效果更为明显；坡度是影响产沙过程的主导因素，贡献率为 76%，雨强对产沙的影响较小，尤其在陡坡时，这种作用效果更加明显。在整个降雨过程中，雨强和坡度的交互效应对径流、产沙的影响较弱。

4.1.3.2 裸坡坡面径流、产沙函数拟合

通过分析不同坡度、雨强下裸坡坡面累计径流量、累计产沙量与降雨历时的关系发现，坡面累计径流量、累计产沙量与降雨历时呈显著线性函数关系，计算成果见表 4.3。

从表 4.3 中可以看出，在室内模拟降雨条件下，裸坡坡面累计径流量、累计产沙量与降雨历时之间的关系均呈显著线性函数关系，相关系数均在 98% 以上，由于产沙过程波动剧烈，拟合方程相关系数稍小。累计径流拟合方程中的斜率明显小于累计产沙拟合方程中的斜率，从斜率变化来看，累计径流拟合方程中的斜率整体变化不大。在同一雨强下，坡度越大，累计径流量与累计产沙量的递增速率也越大；在同一坡度下，雨强越大，累计径流量与累计产沙量的递增速率也越大，但累计产沙的递增速率明显大于累计径流的递增速率。累计径流量拟合方程中，在同一坡度下，随雨强的增大，径流增加幅度明显大于在同一雨强下，随坡

度增加，径流的增加幅度；累计产沙量拟合方程中，在同一雨强下，产沙增加幅度明显大于在同一坡度下，随雨强增大，产沙的增加幅度。

表 4.3　不同坡度、雨强条件下坡面累计径流量、产沙量随降雨历时关系计算结果

研究对象	降雨强度 / (mm/min)	坡度 /(°)	拟合方程	相关系数 R^2
径流过程	1.0	28	$Y = 3.29003t - 5.31265$	0.99989
		25	$Y = 3.22360t - 9.81415$	0.99964
		21	$Y = 3.13542t - 8.56985$	0.99823
		18	$Y = 2.99717t - 8.16182$	0.99946
	1.5	28	$Y = 4.17512t - 6.31685$	0.99992
		25	$Y = 3.51031t - 2.87207$	0.99994
		21	$Y = 3.11863t - 2.20618$	0.99997
		18	$Y = 3.01485t - 5.68752$	0.99969
	2.0	28	$Y = 6.33810t - 9.40549$	0.99938
		25	$Y = 6.15917t - 8.26415$	0.99842
		21	$Y = 5.91951t - 7.56816$	0.99992
		18	$Y = 5.39971t - 4.93526$	0.99990
产沙过程	1.0	28	$Y = 33.3627t + 6.36753$	0.99525
		25	$Y = 28.3761t + 62.7878$	0.99197
		21	$Y = 22.2561t - 32.1485$	0.99996
		18	$Y = 13.9627t - 59.3281$	0.98920
	1.5	28	$Y = 35.8245t - 24.4330$	0.99624
		25	$Y = 29.9466t + 64.6881$	0.99670
		21	$Y = 24.9246t - 16.2023$	0.99883
		18	$Y = 16.28510t - 8.8555$	0.99964
	2.0	28	$Y = 36.901t - 19.91272$	0.99241
		25	$Y = 31.2260t - 14.8115$	0.99944
		21	$Y = 26.6171t - 46.7451$	0.99644
		18	$Y = 22.6847t - 131.661$	0.98642

注：拟合方程中 y 为累计径流量或累计产沙量，t 为降雨历时

综合以上分析可知，随坡度、雨强的增大，累计径流量与累计产沙量的递增速率不断增大，但累计产沙量的增加幅度远远大于累计径流量的增加幅度。在同一坡度下，随雨强增大，累计径流量的递增速率大于雨强一定、随坡度增加的递

增速率，而在同一雨强下，随坡度增大，累计产沙量的递增速率大于坡度一定、随雨强增加的递增速率，说明雨强对径流的递增速率影响较大，坡度对产沙的递增速率影响较大。

4.1.3.3　裸坡坡面含水量变化过程

本次试验采用 Spectrum-watchdog mini station 水分仪（model 2400）测试在降雨过程中，土体含水量（体积含水量 VWC）的变化情况。试验中在土体表面深 0.1m 处埋放 3 个探头，分别距离出口边界 1.2 m、2.2 m、3.2 m，编号依次为 A、B、C。

图 4.9 为 25°坡面，在 1.0mm/min 和 1.5mm/min 下，土壤含水量随降雨历时的变化规律。

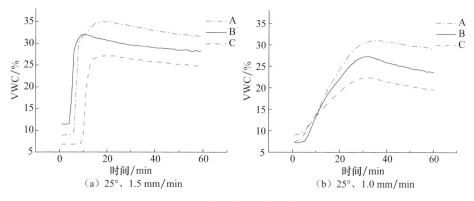

（a）25°、1.5 mm/min　　　　　　　（b）25°、1.0 mm/min

图 4.9　坡面含水量变化特征

由图 4.9 可以看出，随降雨历时的增加，土壤含水量都是先增大至最高点，然后缓慢降低至某一值后基本维持不变直至降雨结束。25°坡面，1.5mm/min 较大雨强时，坡面各探头处含水量迅速上升，速率较大，产流开始 20 min 左右达到了最大值 35%；1.0mm/min 较小雨强时，坡面各探头处含水率缓慢上升，速率较小，产流开始 35 min 左右达到了最大值 30%。两种雨强下，各探头处含水量大小顺序均为 A＞B＞C，距出口 1.2 m 处含水量达到最大，距出口 2.2 m 处居中，坡顶处距出口 3.2 m 处最小，同最大含水量相比，减少幅度均为 10%～15%。

综合分析可知，在降雨过程中，径流逐渐由坡顶汇流至坡底，在此过程中，径流不断向坡面入渗，坡面含水量逐渐增加。雨强较大时，单位时间的上方来水量和降雨总量都比较大，入渗速率较快，致使含水量迅速上升，且含水量值较大。坡面中部和中下部正是径流形成位置，受降雨和径流的双重作用，该部位入渗量超过坡面上部，含水量最大；坡面上部只受降雨影响，没有形成或仅有少量径流，因此，坡面上部含水量最小，基本为坡段中部含水量的 25% 左右。掌握降雨过程中坡面含水量分布特征，以期为农作物的种植提供一定的理论依据。

4.1.4 径流侵蚀功率变化特征

径流深和洪峰流量是反映流域次暴雨洪水过程特征的两个重要侵蚀动力因素，径流深代表次暴雨在流域上产生的洪水总量的多少，间接反映了降水量的大小以及流域下垫面对降雨再分配作用的强弱，而洪峰流量则代表洪水的强弱，间接反映了降雨的时空分布特征和流域下垫面对径流汇流过程的影响。将表征流域次暴雨侵蚀产沙量的参数——输沙模数表述为径流深和洪峰流量的函数。基于这种关系，李占斌等（2006）以次暴雨洪水的径流深 H 和洪峰流量模数 Q'_m 的乘积作为流域次暴雨侵蚀产沙的侵蚀动力指标，即

$$P = Q'_m \times H \tag{4.1}$$

式中，H 为次暴雨流域平均径流深，mm；Q'_m 为洪峰流量模数，$\mathrm{m^3/(s \cdot km^2)}$，其大小等于次暴雨洪水洪峰流量与流域面积的比值。为了进一步明确指标 P 的物理含义，对式（4.1）进行如下变换：

$$
\begin{aligned}
P = Q'_m H &= \frac{W}{A} \circ \frac{Q_m}{A} = \frac{W}{A^2} \times A' \times \frac{Q_m}{A'} = \frac{A'}{A^2} \times W \times V \\
&= \frac{A'}{\rho \times g \times A^2} \times \rho \times g \times W \times V = \frac{A'}{\rho \times g \times A^2} \times F \times V
\end{aligned} \tag{4.2}
$$

令 $\mathrm{Con} = \dfrac{A'}{\rho \times g \times A^2}$，则式（4.1）变换为

$$P = \mathrm{Con} \times F \times V \tag{4.3}$$

式中，W 为次暴雨的径流总量，$\mathrm{m^3}$；P 为径流深 H 和洪峰流量模数 Q'_m 的乘积，$\mathrm{m^4/(s \cdot km^2)}$；$A$ 为流域面积，$\mathrm{m^2}$；Q_m 为洪峰流量，$\mathrm{m^3/s}$；A' 为与 Q_m 对应的流域出口断面的过水面积，$\mathrm{m^2}$；V 为流域出口断面与 Q_m 对应的平均流速，m/s；ρ 为水的密度，$\mathrm{kg/m^3}$；g 为重力加速度，$\mathrm{m/s^2}$；F 为力，N。

由式（4.3）可以看出，指标 P 为具有功率的量纲，它综合表征了在流域次暴雨产输沙过程中的降雨和地表径流产沙、输沙的能力，因此，定义指标 P 为径流侵蚀功率。

图 4.10 为不同坡度、雨强下径流侵蚀功率的线性变化特征。从特征图中可以看出，其变化特征与 4.1.3 小节中径流总量变化规律相似，各条特征线均不相交，说明坡度和雨强的相互效应对径流侵蚀功率的影响较弱，主要受坡度或雨强单一影响因子控制。在每种雨强下，随着坡度的增加，径流侵蚀功率增幅不大，而在每种坡度下，随着雨强的增加，径流侵蚀功率增幅明显。

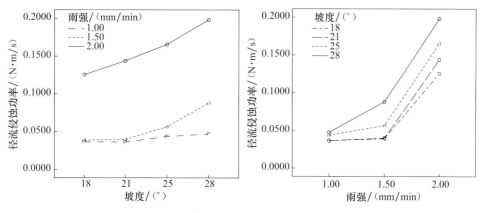

图 4.10 不同坡度、雨强下的径流侵蚀功率变化特征

综合分析说明，在试验范围内，雨强是影响径流侵蚀功率的主导因素，坡度对径流侵蚀功率的影响较小，尤其在大雨强下，这种趋势更为明显。由前面的结论可知，裸坡坡面下，坡度是影响产沙过程的主导因素，雨强对产沙的影响较小，此时代表降雨侵蚀动力的径流侵蚀功率与侵蚀产沙关系已不是十分明显，因为侵蚀产沙量受植被覆盖度和降雨的共同作用，在缺少了植被覆盖的条件下，在坡面尺度内，裸坡坡面侵蚀产沙除受降雨的影响外，更多是受坡度的影响。

4.2 不同植被空间位置下坡面径流侵蚀产沙特征分析

黄土高原地处我国干旱-半干旱地区，水分是植被生长发育的主要限制因素，如何使有限的植被发挥最大的水土保持功效是生产实践中面临的实际问题。系统研究不同植被空间配置，特别是较低覆盖条件下植被空间位置对水土流失的影响，对于加强本地植被建设具有重要意义。

在降雨条件下，植被的存在可以对坡面径流、侵蚀产沙过程带来较大的影响。植被覆盖度、植被种类、空间分布和分布形状的差异会对坡面产流时间、径流量、产沙量及其变化过程产生深刻影响。因此，本研究利用室内模拟降雨试验，开展了不同植被格局对坡面径流、侵蚀产沙的影响研究。

4.2.1 覆盖面积为1.0m²时各格局坡面径流产沙过程

图 4.11 中分别点绘了 28° 和 21° 坡面，覆盖面积为 1m² 时，不同植被格局下的径流、产沙和入渗率变化规律，以空间位置 1 代表坡面最下端 1m 处铺有草块，以空间位置 4 代表坡面最上端 1m 处铺有草块。

将图 4.11 各项指标的特征曲线同裸坡试验数据作对比分析。从图中可以看

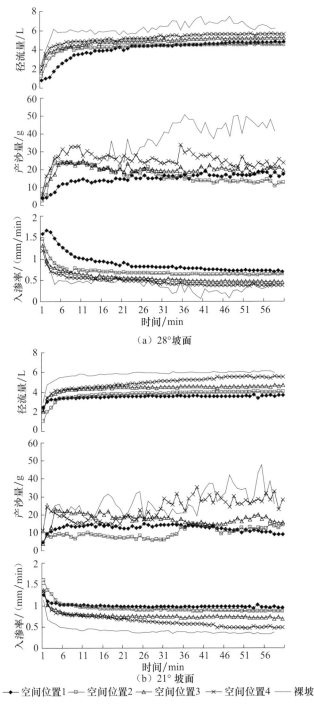

（a）28°坡面

（b）21°坡面

◆─空间位置1　□─空间位置2　△─空间位置3　×─空间位置4　──裸坡

图 4.11　1m² 覆盖面积不同植被格局下坡面产流、产沙、入渗过程

出，28°坡面各过程波动程度均较 21°坡面时剧烈，径流量和产沙量有相应程度的增加，入渗率有一定的降低；不论是在 28°坡面还是 21°坡面，裸坡径流量和产沙量明显大于有植被的情况，入渗率明显小于有植被覆盖时的数据，而且裸坡时各过程的波动程度均大于有植被覆盖时的情况。

28°与 21°草坡时各指标规律基本一致。1m² 草块布置在坡面不同位置时径流、产沙和入渗过程大致相同，产沙过程较径流、入渗过程波动幅度大。在降雨初期至产流 10min 左右，径流量和产沙量快速增大至一点，然后随降雨历时的延长，径流和产沙过程稍有波动，且有小幅增加，整体基本趋于平稳，直至降雨结束；入渗过程同径流和产沙过程相反，降雨初期至产流 10min 左右，入渗率平缓下降至某一值，此后随降雨历时的延长，入渗趋于稳定。降雨结束后，径流量和产沙量的大小依次为裸坡＞空间位置 4 ＞空间位置 3 ＞空间位置 2 ＞空间位置 1，入渗率的大小依次为空间位置 1 ＞空间位置 2 ＞空间位置 3 ＞空间位置 4 ＞裸坡，且空间位置 4 时径流、产沙和入渗过程的波动幅度最大，空间位置 1 时径流、产沙和入渗过程的波动幅度最小。

可以看出，在相同的覆盖面积下，在坡面下部处布置植被对来自坡面上部的径流和泥沙都有调蓄作用，而植被布置在坡面上部时，仅能调蓄坡面上部的少量径流和泥沙，没有对坡面下部径流、泥沙起到调蓄作用，坡面下部依然会受径流侵蚀，所以植被种植在坡底处对径流和泥沙的调蓄效果要比植被种植在坡顶处好。

为准确反映植被调蓄径流、泥沙的作用，并消除坡面本身的影响，本研究将裸坡坡面径流量、产沙量减去不同植被格局下坡面的径流量、产沙量，它们之间的差值就是植被所起的作用，即植被的蓄水量和减沙量。

由图 4.12 可以看出，在两种坡度下，随着 1m² 覆盖面积、25% 覆盖率的草块从坡底逐渐移至坡顶，其蓄水量和减沙量逐渐减少，且陡坡时植被的蓄水、减沙作用更为明显，说明坡底受降雨侵蚀程度更为剧烈，植被种植在坡底有更强的调蓄径流、泥沙的作用，对防止土壤流失更有意义，且这种水土保持效益在陡坡时更为明显。

4.2.2　覆盖面积为2.0m²时各格局坡面径流产沙过程

图 4.13 分别点绘了 28°和 21°坡面，覆盖面积为 2m² 时，不同植被格局下的径流、产沙和入渗率变化规律，其中，以空间位置 1+2 代表最下端 1m 和 2m 处铺有草块。

在图 4.13 各项指标的特征曲线中加入裸坡试验数据，以作对比分析。从图中可以看出，同布置 1m² 草块时情况类似，28°坡面各过程波动程度均较 21°坡面时剧烈，径流量和产沙量有相应程度的增加，入渗率有一定的降低；不论是在 28°坡面还是在 21°坡面，裸坡的径流量和产沙量明显大于有植被覆盖时的数据，入

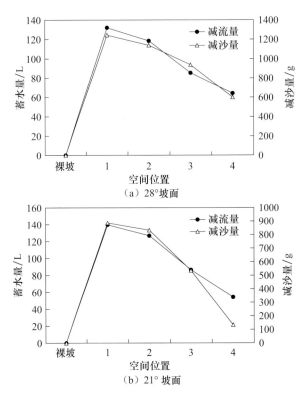

图 4.12　1m² 覆盖面积不同植被格局下坡面蓄水减沙效益

渗率明显小于有植被覆盖时的数据，而且裸坡时各过程的波动程度均大于有植被覆盖时的情况。

　　28°与 21°草坡时各指标规律基本一致。2m² 草块布置在坡面不同位置时，径流、产沙和入渗过程大致相同。在降雨初期至产流 10min 左右，径流量和产沙量快速增大至一点，此后随降雨历时的延长，径流和产沙过程稍有波动，且有小幅增加，整体基本趋于平稳，直至降雨结束；入渗过程同径流和产沙过程相反，降雨初期至产流 10min 左右，入渗率平缓下降至某一点，此后随降雨历时的延长，入渗趋于稳定。降雨结束后，径流量和产沙量的大小依次为：裸坡 > 空间位置 3+4 > 空间位置 2+4 > 空间位置 2+3 > 空间位置 1+3 > 空间位置 1+2，入渗率的大小依次为：空间位置 1+2 > 空间位置 1+3 > 空间位置 2+3 > 空间位置 2+4 > 空间位置 3+4 > 裸坡，且空间位置为 3+4 和 2+3 时的径流、产沙和入渗过程的波动幅度最大，空间位置为 1+2 时径流、产沙和入渗过程的波动幅度最小。

　　由图 4.14 同样可以看出，在两种坡度下，随着 2m² 覆盖面积、50% 的草块从坡底整体或条带状逐渐移至坡顶时，同等条件下，坡面下部植被覆盖面积越多，蓄水量和减沙量越大，且这种水土保持效益在陡坡时更为明显。

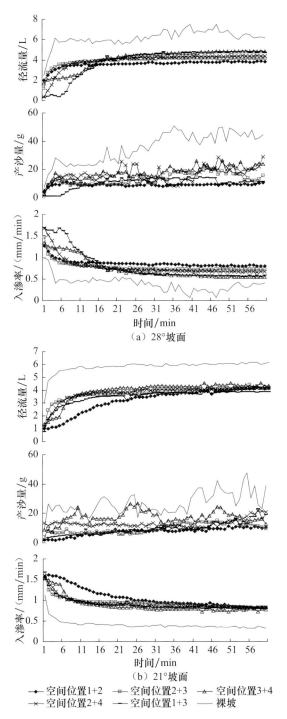

（a）28°坡面

（b）21°坡面

◆ 空间位置1+2　□ 空间位置2+3　△ 空间位置3+4
× 空间位置2+4　— 空间位置1+3　— 裸坡

图 4.13　2m² 覆盖面积不同植被格局下坡面产流、产沙、入渗过程

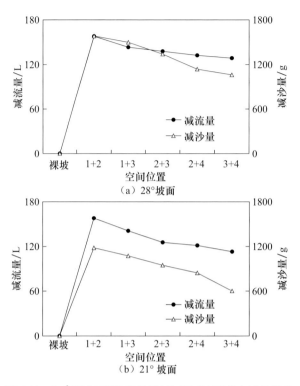

图 4.14　2m² 覆盖面积不同植被格局下坡面蓄水减沙效益

　　覆盖率为 50% 的植被格局中存在草块整体布置和草块条带状布置两种情况。从试验结果可以看出，草块条带状布置于坡底和坡中的调蓄径流泥沙的作用劣于草块整体布置于坡底处，却优于草块整体布置于坡面中部，而草块整体布置于坡面上部和条带状布置于坡顶和坡中的调蓄效果最差，径流产沙过程波动最为剧烈。综合分析可知，植被种植在坡底处对径流和泥沙的调蓄效果要优于植被种植在坡顶处，坡底处植被覆盖面积越多，调蓄径流泥沙的效果越强，且蓄水减沙效益在陡坡时更为明显。

4.2.3　覆盖面积为3.0m²时各格局坡面径流产沙过程

　　图 4.15 中分别点绘了 28° 和 21° 坡面，覆盖面积为 3m² 时，不同植被格局下的产流、产沙和入渗率变化规律。

　　将图 4.15 各项指标的特征曲线中加入裸坡试验数据，以作对比分析。从图中可以看出，同布置 1m² 草块、2m² 草块时情况类似，28° 坡面各过程波动程度均较 21° 坡面时剧烈，径流量和产沙量有相应程度的增加，入渗率有一定的降低；不论是在 28° 坡面还是在 21° 坡面，裸坡的径流量和产沙量明显大于有植被覆盖时的数据，入渗率明显小于有植被覆盖时的数据，而且裸坡时各过程的波动程度均大于有植被覆盖的情况。

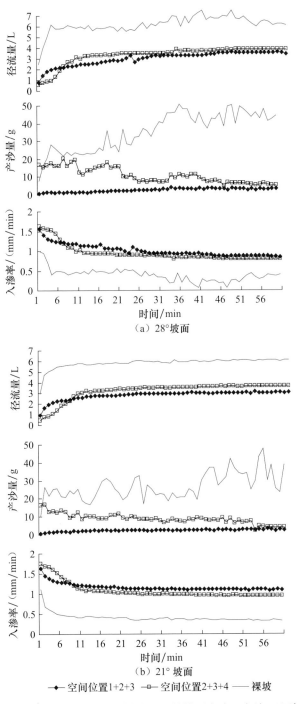

图 4.15 3m² 覆盖面积不同植被格局下的坡面产流、产沙、入渗过程

　　28°与 21°草坡时各指标规律基本一致。3m² 草块布置在坡面不同位置时，径流、产沙和入渗过程大致相同。在降雨初期至产流 8min 左右，径流量和产沙量快速增大至一点，此后随降雨历时的延长，径流和产沙过程稍有波动，且有小幅增加，整体基本趋于平稳，甚至产沙量有些下降，直至降雨结束；入渗过程同径流和产沙过程相反，降雨初期至产流 10min 左右，入渗率平缓下降至某一点，此后随降雨历时的延长，入渗趋于稳定。降雨结束后，径流量和产沙量的大小依次为：裸坡＞空间位置 2+3+4＞空间位置 1+2+3，入渗率的大小依次为：空间位置 1+2+3＞空间位置 2+3+4＞裸坡，且在 3m² 覆盖面积下，同其他覆盖面积不同的是，径流、产生和入渗过程都很平稳，波动很小。

　　由图 4.16 可以看出，在两种坡度下，3m² 覆盖面积、75% 覆盖率的草块分别种植在坡底和坡顶处，其蓄水量和减沙量逐渐减少，同前两种植被覆盖面积一样，陡坡时植被蓄水、减沙效果更为明显，同样证明，在相同的覆盖面积下，植被种植在坡底处对径流和泥沙的调蓄效果要优于植被种植在坡顶处。

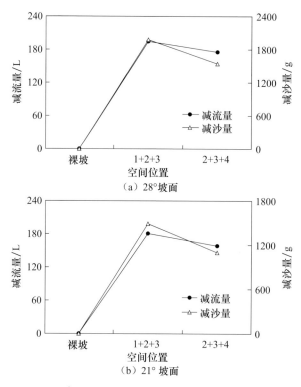

图 4.16　3m² 覆盖面积不同植被格局下坡面蓄水减沙效益

　　通过相同覆盖面积不同位置下的径流、侵蚀产沙、蓄水减沙分析可知，植被空间位置对蓄水量、减沙量影响很大，植被在坡底时的蓄水量、减沙量要大于植被在坡顶时的蓄水量、减沙量,说明植被在坡面的不同位置,水土保持的效益不同,因此,可以通过改变坡面土地利用的部位而改变侵蚀现状,改善坡面侵蚀程度。

综合分析可知,将植被空间位置分为坡顶、坡中、坡下的格局,则径流、产沙大小均为坡顶>坡中>坡底,入渗率大小均为坡底>坡中>坡顶,说明植被在坡底的格局有很好的蓄水减沙的水土保持功能。坡底聚集的植被结构不但能通过自身的机械阻挡作用拦截坡面泥沙,还可以通过泥沙的沉积改变坡面的地貌形态、减缓坡度,从而起到减少土壤侵蚀的作用。因此,合理地调节林草植被的空间配置形式,特别是在植被覆盖度较低时,选择合理的植被配置形式,对于加强干旱地区的水土流失治理、提高水资源利用效率具有重要意义。对黄土高原地区坡面治理则应该以植被格局在坡下聚集结构为主。

4.3　不同植被覆盖率下坡面径流侵蚀产沙特征分析

4.2 节讨论了相同植被覆盖面积下,不同植被空间位置的坡面径流侵蚀产沙特征,从宏观或者区域的角度看,植被对土壤侵蚀的影响主要体现在植被覆盖度上,一切形式的植被覆盖度都可不同程度地抑制水土流失的发生。为了了解其变化规律,本章进行了两种类型的坡面研究,以确定不同植被覆盖面积对径流、产沙的影响。

两种类型坡面的植被覆盖面积都包括 0%、25%、50% 和 75% 四种格局,其中,1 号坡面为植被覆盖面积从 0 增至 75%,每次增加 25%,方向是从坡底增至坡顶;2 号坡面同样为植被覆盖面积从 0 增至 75%,每次增加 25%,方向是从坡顶降至坡底。坡度为 21° 与 28° 两种,雨强为 2.0mm/min。图 4.17 分别为 1 号、2 号坡面,四种不同植被格局的布设情况。

4.3.1　坡面产流过程分析

4.3.1.1　植被覆盖率对径流量的影响

图 4.18 为 28°、21° 坡度下,1 号、2 号坡面径流总量随坡面植被覆盖面积的变化关系曲线。从图中可以看出,在 28° 与 21° 坡面上,两种植被格局坡面的径流总量均随植被覆盖面积的增加而逐渐减少,且 1 号坡面径流总量减少的趋势与 2 号坡面相比更为明显,说明在 1 号坡面的植被格局下,植被调蓄径流效果更好。在两种坡度下,1 号、2 号坡面的径流量随植被覆盖率的变化规律相似,且数值相差不大,说明坡度对径流的影响较弱。

还可以看出,径流总量与植被覆盖率之间存在良好的幂函数关系,两坡面的径流总量均呈递减趋势;1 号坡面在 25% 覆盖率时,径流总量有明显的降低趋

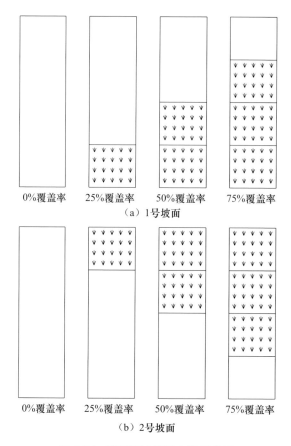

图 4.17　坡面植被格局布置示意图

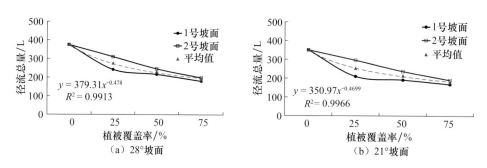

图 4.18　不同坡度下 1 号、2 号坡面径流总量与植被覆盖率关系

势，之后随着覆盖率增加，径流总量缓慢减小，说明 25% 的覆盖率在 1 号坡面与 2 号坡面的径流量差别最大，在该植被覆盖率条件下，植被在坡底与在坡顶的径流总量差异性最明显，体现出空间位置的差异对径流量产生的影响；随着植被覆盖率的进一步增加，两坡面径流总量的差异性减小，空间位置对径流的作用缓

慢增加。

4.3.1.2　植被覆盖率与减流量的关系

同样采用减流量来准确反映植被调蓄径流的作用,以消除坡面本身的影响,将裸坡坡面径流量减去不同植被格局下坡面的径流量,即植被的蓄水量,来反映坡面植被对坡面径流的影响。图 4.19 为 28°、21°坡度下 1 号、2 号坡面减流量随坡面植被覆盖率的变化关系曲线图。

由图 4.19 可以看出,不同坡度下的 1 号、2 号坡面减流量均随着坡面植被覆盖面积的增大而逐渐增大,且 1 号坡面的减流效果比 2 号坡面明显。在两种坡度下,1 号、2 号坡面的减流量随植被覆盖率的变化规律相似,且大小相差不大,说明坡度对减流效果的影响较弱。从图中还可以看出,与径流总量趋势相似,1 号坡面在 25% 覆盖率时减流量有明显区别。当植被覆盖面积每增加 25% 时,1 号坡面与 2 号坡面的减流量都会有所增加,但增加的幅度不同;1 号坡面减流量大约比 2 号坡面增加 10%,在 25% 覆盖面积时最为明显。

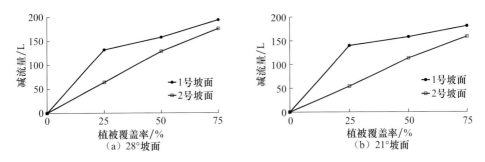

图 4.19　不同坡度下 1 号、2 号坡面减流量与植被覆盖率的关系

综合分析可知,坡度对径流总量和减流量的影响较小;随植被覆盖率的增加,两种植被格局下的坡面径流总量逐渐减小,减流量逐渐增加,植被对径流的调蓄作用逐渐增强;植被聚集于坡底时,对径流有更强的调蓄能力;在较低植被覆盖率下,植被空间位置的差异对径流的影响较大,随覆盖率的增加,植被的空间位置对径流的影响缓慢增加。

4.3.2　坡面产沙过程分析

4.3.2.1　植被覆盖率对产沙量的影响

图 4.20 为在 28°、21°坡度下,1 号、2 号坡面产沙总量随坡面植被覆盖面积的变化关系曲线。从图中可以看出,整体规律与径流总量相似,在 28°与 21°坡面上,两种植被格局坡面的产沙总量均随植被覆盖面积的增加而逐渐减少;且 1

号坡面产沙总量的减少趋势与 2 号坡面相比更为明显，说明在 1 号坡面的植被格局下，植被拦截泥沙效果更好。在两种坡度下，1 号、2 号坡面的产沙量随植被覆盖率的变化规律相似，且大小相差不大，说明坡度对产沙的影响较弱。

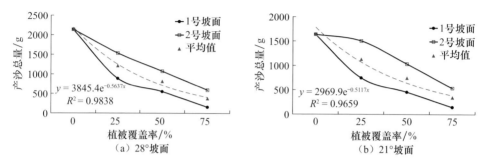

图 4.20　不同坡度下 1 号、2 号坡面产沙总量与植被覆盖率的关系

还可以看出，产沙总量与植被覆盖率之间存在良好的指数函数关系，两坡面的产沙总量均呈递减趋势；不同坡度时，同一植被覆盖率下，1 号坡面与 2 号坡面产沙差异程度大于径流的差异程度，说明空间位置对泥沙的调控作用要比对径流的调蓄作用强。同样在 1 号坡面 25% 覆盖率时，产沙总量有明显的降低趋势，之后随着覆盖率增加，产沙总量缓慢减小。说明 25% 的覆盖率在 1 号坡面与 2 号坡面的产沙量差别较大，在该植被覆盖率条件下，植被在坡底与在坡顶的产沙总量差异性最明显，体现出空间位置的差异对产沙量产生的影响；随着植被覆盖率进一步增加，两种坡面产沙总量的差异性减小，植被空间位置对产沙的作用缓慢增加。

4.3.2.2　植被覆盖率与减沙量的关系

在本节中同样采用减沙量来准确反映植被调控泥沙的作用，并消除坡面本身的影响，将裸坡坡面产沙量减去不同植被格局下坡面的产沙量，即植被的减沙量，来反映坡面植被对坡面产沙的影响。图 4.21 为 28°、21° 坡度下 1 号、2 号坡面减沙量随坡面植被覆盖率的变化关系曲线图。

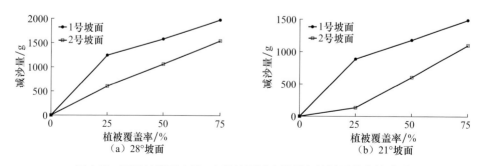

图 4.21　不同坡度下 1 号、2 号坡面减产沙量与植被覆盖率的关系

由图 4.21 看出,不同坡度下的 1 号、2 号坡面减沙量均随着坡面植被覆盖面积的增大而增大,且 1 号坡面的减沙效果比 2 号坡面明显。在两种坡度下,1号、2 号坡面的减沙量随植被覆盖率的变化规律相似,且大小相差不大,说明坡度对减流效果的影响较弱。还可以看出,同样与减流量趋势相似,1 号坡面在 25% 覆盖率时有明显区别。当植被覆盖面积每增加 25% 时,1 号坡面与 2 号坡面的减沙量都会有所增加,但增加的幅度不同,1 号坡面减沙量大约比 2 号坡面增加 20%,在 25% 覆盖率时最为明显。

综合分析可知,坡面植被覆盖对侵蚀产沙的影响大于坡度因素的影响,坡度对产沙总量和减沙量影响较小;随植被覆盖率的增加,两种植被格局下的坡面产沙总量逐渐减小,减沙量逐渐增加,植被对泥沙的调控作用逐渐增强;植被聚集于坡底时,对产沙有更强的调控能力;在较低植被覆盖率下,植被空间位置的差异对产沙的影响较大,随覆盖率的增加,植被的空间位置对产沙的作用逐渐减弱。

4.3.2.3　单位覆盖面积的减沙量

由以上分析可知,随植被覆盖率的增加,植被对泥沙的调控作用逐渐增强,在此分别将不同覆盖率下的减沙量与覆盖面积相比,求得各自覆盖率下单位面积的减沙量,以反映不同植被覆盖率的减沙速率。图 4.22 为 28°坡面下,1 号、2 号坡面单位面积减沙量随坡面植被覆盖面积的变化关系曲线。

从图中可以看出,随植被覆盖率的增加,单位面积的减沙量呈递减趋势,减沙速率逐渐降低,说明随着植被覆盖率逐渐增加,单位面积对泥沙的调控作用逐渐减小,致使植被对泥沙的调控作用缓慢增加。

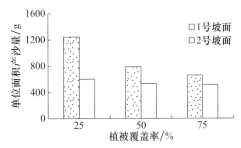

图 4.22　28°坡面下 1 号、2 号坡面单位面积产沙量与植被覆盖率的关系

4.3.3　径流含沙量变化过程分析

坡面径流侵蚀实际上是一个剥离与沉积不断变化的过程,因此,只要有侵蚀,径流中便会含有泥沙,并且所含泥沙的量是不断变化的。径流中挟带泥沙的多少常用含沙量表示,坡面径流含沙量代表的是单位体积径流所挟带的泥沙量,含沙量的大小直接影响坡面侵蚀量的多少。

图 4.23 为 28°、21°坡度下,1 号、2 号坡面径流含沙量随坡面植被覆盖面积的变化关系曲线图。可以看出,整体走势与径流总量、产沙总量规律相似,在 28°与 21°坡面上,两种植被格局坡面的平均含沙量均随植被覆盖面积的增加而逐

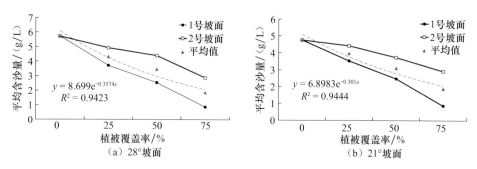

图 4.23　不同坡度下 1 号、2 号坡面平均含沙量与植被覆盖率关系

渐减少；且 1 号坡面平均含沙量减少的趋势与 2 号坡面相比更加明显。在两种坡度下，1 号、2 号坡面的产沙量与植被覆盖率的变化规律相似，且大小相差不大，说明坡度对平均含沙量的影响较弱。径流含沙量随植被覆盖率的增加呈指数函数递减趋势，植被在坡底与在坡顶的平均含沙量差别较大，体现出空间位置的差异对含沙量的影响。

　　说明在坡面有植被覆盖的情况下，由于植被的阻滞和拦挡，径流流速减弱，坡面入渗量增加，相应的径流冲刷力降低，使径流含沙量随之减小，而且径流含沙量随着植被覆盖度的增加呈现递减趋势。在相同植被覆盖率下，植被位于坡底相对于坡顶位置，对调控径流泥沙的效果更好，可以有效降低径流挟沙力，以降低径流含沙量。

4.3.4　坡面径流产沙的相互关系

　　将 1 号坡面与 2 号坡面的降雨径流量、产沙量进行对比分析，以各自坡度下的裸坡作为基准，其他植被格局下的径流量、产沙量同裸坡坡面相比，其计算结果见表 4.4。

表 4.4　1 号、2 号坡面径流总量、产沙总量、入渗率关系比较

坡面	坡度/(°)	覆盖率/%	植被格局	产流时间/s	径流总量/L	径流比率/%	产沙总量/g	产沙比率/%	平均入渗率/(mm/min)	入渗倍数
1 号坡面	28°坡面	0	0	84	374.32	100	2132.98	100	0.38	1
		25	1	95	242.3	65	888.68	42	0.89	2.34
		50	1+2	104	216.37	58	550.72	26	0.86	2.26
		75	1+2+3	109	179.6	48	156.12	7	1.01	2.66
	21°坡面	0	0	71	349.73	100	1635.4	100	0.41	1
		25	1	66	210.02	60	747.86	46	0.99	2.41
		50	1+2	110	191.85	55	455.02	28	1.04	2.54

续表

坡面	坡度/(°)	覆盖率/%	植被格局	产流时间/s	径流总量/L	径流比率/%	产沙总量/g	产沙比率/%	平均入渗率/(mm/min)	入渗倍数
1 号坡面	21°坡面	75	1+2+3	118	168.83	48	146.54	9	1.16	2.83
2 号坡面	28°坡面	0	0	84	374.32	100	2132.98	100	0.38	1
		25	4	88	310.2	83	1531.39	72	0.47	1.24
		50	3+4	92	245.72	66	1071.74	50	0.74	1.95
		75	2+3+4	101	198.72	53	588.49	28	0.94	2.47
	21°坡面	0	0	71	349.73	100	1635.4	100	0.41	1
		25	4	76	295.61	85	1501.34	92	0.64	1.56
		50	3+4	87	236.66	68	1031.67	63	0.88	2.15
		75	2+3+4	98	190.99	55	535.48	33	1.07	2.61

从表 4.4 中可以看出，在不同坡度时，两坡面径流、产沙变化趋势不明显，说明在有植被覆盖情况下，坡度对径流和产沙的影响不大。随植被覆盖率的增加，1 号、2 号坡面的产流时间相应延长，这与植被可以有效拦截径流，增加入渗、延缓径流作用有关。径流总量和产沙总量随植被覆盖面积的增加而减少，但产沙总量变化幅度较大，说明植被拦截泥沙的作用更加明显。两种坡面的平均入渗率随植被覆盖面积的增加呈增大的趋势，植被覆盖坡面的入渗率均为裸坡的 1.5 倍以上，说明植被可以有效增加土壤入渗。还可以看出，2 号坡面的产流时间比 1 号坡面短，径流总量、产沙总量的减少幅度均比 1 号坡面小，且坡面平均入渗率低于 1 号坡面，说明不同的植被格局对径流、产沙的影响有较大的区别。1 号坡面当植被覆盖率为 25% 时，径流和泥沙比率明显下降，而 2 号坡面则缓慢下降，说明植被空间位置对调蓄径流、泥沙的重要性和差异性；随植被覆盖率继续增加，两坡面的径流比率、产沙比率下降得都比较平稳，说明随覆盖率的增加，空间位置对径流和产沙的作用逐渐减弱。

综合以上分析可知，在有植被覆盖的条件下，坡度对径流和产沙的影响较小，不同植被覆盖度和空间配置对坡面径流、侵蚀产沙影响较大。随植被覆盖率的增加，坡面减流量与减沙量逐渐减小，植被对径流和产沙的调控作用逐渐增强，但植被拦截泥沙的作用更为明显；在较低植被覆盖率下，空间位置的差异对径流、产沙的影响较大，当覆盖率继续增大时，减流量与减沙量的减小幅度逐渐减慢，空间位置对径流、产沙的影响逐渐减弱，植被对径流和泥沙的调控作用缓慢增加。坡底植被对减流减沙起着重要的作用，坡底植被对所有流经坡面的径流和泥沙都起着拦截和过滤的作用，不但可以有效减少径流和泥沙的流失，还可以通过泥沙的沉积改变坡面的微地貌形态，保护坡面水土。

4.4　不同植被格局的坡面径流侵蚀产沙特征分析

4.4.1　径流量与产沙量随降雨历时的关系

前两节已经讨论了不同植被空间位置和不同植被覆盖面积下，不同植被格局的坡面径流侵蚀产沙规律，以下讨论不同植被格局下的坡面径流侵蚀产沙特征。通过分析，在不同植被格局下，坡面累计径流量与累计产沙量随降雨历时均呈显著线性函数关系，相关系数均在 99% 以上，计算成果见表 4.5 和表 4.6。

表 4.5　不同植被格局下累计径流量随降雨历时关系

覆盖率 /%	植被 格局	28°坡面		21°坡面	
		拟合方程	R^2	拟合方程	R^2
25	空间位置 1	$Y=4.2773t-20.08636$	0.99806	$Y=3.53962t-3.06821$	0.99996
	空间位置 2	$Y=4.39233t-9.63677$	0.99978	$Y=3.83265t-9.14401$	0.99973
	空间位置 3	$Y=4.93955t-10.9921$	0.99962	$Y=4.47132t-6.39140$	0.99992
	空间位置 4	$Y=5.27805t-10.7127$	0.99958	$Y=5.02293t-12.3024$	0.99908
50	空间位置 1+2	$Y=3.67151t-6.01520$	0.99980	$Y=3.39587t-20.2254$	0.99478
	空间位置 1+3	$Y=4.21943t-30.9959$	0.99395	$Y=3.61667t-11.3930$	0.99929
	空间位置 2+3	$Y=4.05340t-8.09206$	0.99981	$Y=3.81138t-8.72982$	0.99950
	空间位置 2+4	$Y=4.17276t-15.8932$	0.99921	$Y=3.94785t-11.2306$	0.99952
	空间位置 3+4	$Y=4.31366t-21.1147$	0.99658	$Y=4.14737t-15.7047$	0.99897
75	空间位置 1+2+3	$Y=3.12433t-12.7486$	0.99756	$Y=2.91002t-7.90086$	0.99944
	空间位置 2+3+4	$Y=3.51167t-16.9895$	0.99818	$Y=3.3908t-16.30669$	0.99834

表 4.6　不同植被格局下累计产沙量随降雨历时关系

覆盖率 /%	植被 格局	28°坡面		21°坡面	
		拟合方程	R^2	拟合方程	R^2
25	空间位置 1	$Y=15.50044t-60.78902$	0.99853	$Y=9.064980t-8.69451$	0.99927
	空间位置 2	$Y=16.85773t+36.6430$	0.99444	$Y=9.57278t-26.33180$	0.99326
	空间位置 3	$Y=20.19596t-10.3999$	0.99974	$Y=17.61681t+7.9129$	0.99869
	空间位置 4	$Y=26.14672t-6.91919$	0.99950	$Y=23.20574t-83.5738$	0.99310

续表

覆盖率 /%	植被格局	28°坡面		21°坡面	
		拟合方程	R^2	拟合方程	R^2
50	空间位置 1+2	$Y=9.16046t-2.575460$	0.99992	$Y=8.01652t-51.62781$	0.99392
	空间位置 1+3	$Y=11.89369t-80.8548$	0.99527	$Y=9.12119t-60.26142$	0.98480
	空间位置 2+3	$Y=13.62855t-63.1780$	0.99034	$Y=9.96396t-48.36627$	0.99711
	空间位置 2+4	$Y=16.1909t-39.32586$	0.99743	$Y=12.33287t+3.7512$	0.99849
	空间位置 3+4	$Y=18.1115t-68.07111$	0.99649	$Y=18.10763t-41.429$	0.99934
75	空间位置 1+2+3	$Y=2.75268t-17.10483$	0.99069	$Y=2.52177t-8.43828$	0.99895
	空间位置 2+3+4	$Y=10.2763t+76.65592$	0.99531	$Y=8.78877t-23.9988$	0.99866

由表 4.5、表 4.6 可以看出，累计径流量、累计产沙量都与降雨历时呈显著线性相关。从斜率变化来看，在同一坡度下，植被覆盖率越大，累计径流量与累计产沙量的递增速率，即单位时间内的径流量、产沙量越小，在同一覆盖率下，植被位置越靠近坡底，累计径流量与累计产沙量的递增速率也越小。坡度不同时，累计径流量与累计产沙量的递增速率差别不大，仅在覆盖率为 25% 时的累计产沙量中差异稍大。

分析可知，有植被覆盖坡面，坡度对径流、产沙的影响不是十分明显，当坡面有较高植被覆盖时，坡度对径流泥沙的影响将被进一步弱化；累计产沙随时间的递增速率均比累计径流快。植被覆盖率低的累计产沙递增速率明显高于植被覆盖率高的累计产沙递增速率；而同一植被覆盖率下，植被位置越靠近坡底，累计产沙量的递增速率也越小，这种趋势在低植被覆盖率下更为明显。说明不同植被覆盖率、不同位置的累计径流、累计产沙递增速率存在较大区别，植被覆盖率及其空间位置对于坡面径流速率、产沙速率作用更为明显。

4.4.2　植被格局下径流产沙差异性分析

以上各节分别讨论了在单一因子条件下的径流、产沙特征。由于在植被条件下，存在坡度、植被覆盖率和空间位置 3 个参数，在此，本研究在综合条件下，对各个参数展开进一步分析。现对不同植被格局下的径流率、输沙率进行方差分析，以确定不同植被格局下径流、产沙的差异性。

本研究采用 SPSS 13.0 统计软件，首先对不同坡度的径流量与产沙量分别进行单因素方差分析，见表 4.7。可以看出，径流量与产沙量的 F 检验值与 1 相近，甚至小于 1，这说明组间方差远远小于组内方差，此外，观察的显著性水平 Sig. 值远大于 0.05，因此，可以接受原来的假设，即认为不同坡度之间径流量与产沙量的均值无明显差异，说明坡面植被覆盖对径流、产沙的影响大于坡度因素的影响。

表 4.7　不同坡度下径流量、产沙量单因素方差分析

坡度因素		偏差平方和	自由度(df)	均方差	F 值	显著性水平 Sig.
径流量	组间	1917.129	1	1917.129	1.474	0.239
	组内	26014.198	20	1300.710		
	总和	27931.327	21			
产沙量	组间	49423.980	1	49423.980	0.370	0.550
	组内	2670777.356	20	133538.868		
	总和	2720201.336	21			

　　由于不同坡度之间的径流量和产沙量无明显差异，因而继续对不同植被覆盖率和不同空间位置的径流量和产沙量进行方差分析时，可以忽略坡度对径流和产沙的组间影响。由于覆盖率和空间位置两组之间存在交叉，没有组间差异的严格界限，所以本次研究不能进行多因素方差分析，只能进行单因素方差分析。表 4.8 为不同覆盖率下，径流量、产沙量的单因素方差分析计算表。可以看出，径流量与产沙量的 F 检验值与 1 相比远远大于 1，这说明组间方差远远大于组内方差，此外，观察的显著性水平 Sig. 值为 0.00，远远小于 0.05，因此可以拒绝原假设，即认为不同覆盖率下径流量与产沙量的均值存在明显差异，说明植被覆盖率为 25%、50%、75% 对径流量和产沙量影响较大，各个覆盖率下的径流量和产沙量在 0.05 水平上存在明显差异。

表 4.8　不同覆盖率下径流量、产沙量单因素方差分析

覆盖率因素		偏差平方和	自由度(df)	均方差	F 值	显著性水平 Sig.
径流量	组间	16134.326	2	8067.163	12.993	0.000
	组内	11797.001	19	620.895		
	总和	27931.327	21			
产沙量	组间	1499493.403	2	749746.701	11.670	0.000
	组内	1220707.934	19	64247.786		
	总和	2720201.337	21			

　　在试验范围内，植被覆盖率仅有三种，且存在显著差异，因此，不需要再做分析；而植被空间位置的不同可以代表植被覆盖率，所以在此对不同空间位置的径流率、产沙率进行方差分析，可以明确具体位置所带来的差异，也可以明确

植被覆盖率的差异。由于本试验无重复设计，不能计算方差的齐次性，故采用 S-N-K（Student-Newman-Keuals）法进行均数之间的两两比较（卢纹岱，2000），Sig.< 0.05 表示差异显著。表 4.9 和表 4.10 分别为不同空间位置的径流量和产沙量的多重验后检验计算结果。

表 4.9　不同空间位置下径流量因素多重验后检验

空间位置	均衡子集（Subset）			
	1	2	3	4
1+2+3	174.2150			
2+3+4	194.8550			
1+2	204.1100			
1+3		219.9250		
1		226.1600		
2+3		230.4150	230.4150	
2+4		235.2150	235.2150	
2		239.3850	239.3850	
3+4		241.1900	241.1900	
3			276.1100	276.1100
4				302.9050
Sig.	0.146	0.108	0.059	0.093

注：组间均衡子集均数的均方误差为 56.823

在径流量均衡子集表 4.9 中，第一均衡子集（Subset=1 列）包含空间位置 1+2+3、2+3+4、1+2，均数分别为 174.215、194.855、204.110，3 个均数比较的概率 p 值为 0.146，大于 0.05，接受零假设，即可以认为植被的空间位置为 1+2+3、2+3+4、1+2 时的径流量均值无明显差异，而与其他位置差异较为显著。第二均衡子集（Subset=2 列）包含空间位置 1+3、1、2+3、2+4、2、3+4，均数比较的概率 p 值为 0.108，大于 0.05，即可以认为植被的空间位置为 1+3、1、2+3、2+4、2、3+4 时的径流量均值无明显差异。在第三均衡子集（Subset=3 列）中，空间位置 2+3、2+4、2、3+4、3 均数比较的概率 p 值为 0.059，大于 0.05，即可以认为植被的空间位置为 2+3、2+4、2、3+4、3 时的径流量均值无明显差异，而空间位置 2+3、2+4、2、3+4 为第二、第三均衡子集共有，其均值在两组中的差距相似，无明显区别。第四均衡子集（Subset=4 列）包含空间位置 3、4，均数比较的概率 p 值为 0.093，大于 0.05，可以认为植被的空间位置为 3、4 时的径流量均值无明显差异，而与其他位置差异较为显著。

综合以上分析可知，由于植被覆盖率和空间位置不同，径流量存在显著差异。将径流量均值的差异组别分为三组，组内无明显差异，各组间差异较为显著。各组分别如下。

第一组：空间位置 1+2+3、2+3+4、1+2。

第二组：空间位置 1+3、1、2+3、2+4、2、3+4。

第三组：空间位置 3、4。

第一组至第三组径流量依次增大，组内径流量按前后顺序依次增大。

表 4.10　不同空间位置下产沙量因素多重验后检验

空间位置	均衡子集（Subset）					
	1	2	3	4	5	6
1+2+3	151.3300					
1+2		502.8700				
2+3+4		561.9850				
1+3		598.6300				
2+3		740.3300	740.3300			
1			818.2700	818.2700		
2+4			892.8650	892.8650		
2			897.6250	897.6250		
3+4				1051.7050	1051.7050	
3					1147.7300	
4						1516.3650
Sig.	1.000	0.053	0.255	0.057	0.253	1.000

注：组间均衡子集均数的均方误差为 122.568

从产沙量衡子集表 4.10 中可以看出，同径流量方差计算结果相似，某些空间位置为两个均衡子集之间共有，组内的产沙量无明显差异，而组间产沙量差异较为明显。同径流量多重验后检验分析方法类似，将产沙量均值的差异组别分为五组，组内无明显差异，各组间的差异较为显著。各组分别如下。

第一组为：空间位置 1+2+3；

第二组为：空间位置 1+2、2+3+4、1+3；

第三组为：空间位置 2+3、1、2+4、2；

第四组为：空间位置 3+4、3；

第五组为：空间位置 4。

第一组至第五组产沙量依次增大，组内产沙量按前后顺序依次增大。

通过对植被不同空间位置下径流量、产沙量多重验后检验的分组结果可以看出，尽管径流量与产沙量的分组信息有所不同，但径流量和产沙量排序基本一致；在降雨过程中，各空间位置下的坡面径流、侵蚀产沙存在明显差异，说明各空间位置（植被覆盖率）对坡面径流、侵蚀产沙的作用不同，且同一位置对径流和泥沙所起作用的强弱也不尽相同。对影响径流量、产沙量的植被空间位置因素进行分组，分组信息可为植被格局参数量化以及水土保持功能模型的建立提供科学依据。

4.4.3 植被空间位置的参数量化

经过以上分析可知，不同植被格局下，不同植被覆盖率和不同植被空间位置对坡面径流、侵蚀产沙影响十分明显。在此对所有植被降雨试验数据进行计算分析，对植被空间位置因素进行参数量化，其量化表见表 4.11 和表 4.12。

表 4.11 空间位置参数量化表（28°）

空间位置	减流量 / L	减沙量 / g	径流比率 / %	产沙比率 / %	植被减流系数	植被减沙系数
裸坡	0	0	100	100	0	0
1	132.02	1244.30	65	42	1	1
2	118	1139	68	47	0.90	0.92
3	85	937	77	56	0.65	0.75
4	64	602	83	72	0.49	0.48
1+2	158	1582	58	26	1.20	1.27
1+3	143	1498	62	30	1.09	1.20
2+3	138	1339	63	37	1.04	1.08
2+4	132	1137	65	47	1.00	0.91
3+4	129	1061	66	50	0.97	0.85
1+2+3	195	1977	48	7	1.47	1.59
2+3+4	176	1544	53	28	1.33	1.24

表 4.12 空间位置参数量化表（21°）

空间位置	减流量 / L	减沙量 / g	径流比率 / %	产沙比率 / %	植被减流系数	植被减沙系数
裸坡	0	0	100	100	0	0
1	139.71	887.54	60	46	1	1
2	127	834	64	49	0.91	0.94

续表

空间位置	减流量/L	减沙量/g	径流比率/%	产沙比率/%	植被减流系数	植被减沙系数
3	86	536	75	67	0.62	0.60
4	54	134	85	92	0.39	0.15
1+2	158	1180	55	28	1.13	1.33
1+3	141	1073	60	34	1.01	1.21
2+3	125	948	64	42	0.90	1.07
2+4	121	846	65	48	0.87	0.95
3+4	113	604	68	63	0.81	0.68
1+2+3	181	1489	48	9	1.29	1.68
2+3+4	159	1100	55	33	1.14	1.24

表 4.11、表 4.12 中的径流比率和产沙比率为在植被条件下，径流量、产沙量与同等条件下裸坡坡面的径流量、产沙量的比值。可以看出，随覆盖面积的增加，径流比率、产沙比率逐渐减小，同一覆盖率下，坡底位置的径流比率、产沙比率比坡底位置的值要小，且在具体覆盖率和空间位置处有各自的特点，同样也可以 4.3.3 节中的结论，在此不再赘述。

以植被空间位置 1 处的减流量与减沙量为基准，其他空间位置的减流量与减沙量均与该空间位置处的减流量与减沙量相比，便得到各自空间位置处的植被减流系数、植被减沙系数，其结算结果列于表 4.11 中。说明当空间位置 1 处，植被作用如果可以减掉 1L 水和 1g 沙，则 28°坡面空间位置 2+3+4 处，则可以减掉 1.33L 水和 1.24 g 沙。以此类推，可以量化其他植被空间位置对径流、泥沙的调控作用；并且以植被减流系数、植被减沙系数的相近程度进行区划，其分组信息同 4.4.2 节中的分组组别一致。根据植被减流、减沙系数和空间位置分组信息，可对其他植被格局的坡面径流、产沙进行预测，为植被格局参数量化和水土保持功能模型的建立提供科学依据。

4.5　坡面植被水蚀动力调控分析

降雨径流和侵蚀产沙量受植被覆盖度和降雨的共同作用，为了进一步揭示降雨侵蚀动力与侵蚀产沙之间的关系，本研究以不同植被格局条件下，径流侵蚀功率随植被覆盖率的变化，侵蚀量所消耗的径流侵蚀功率来揭示植被覆盖度对侵蚀结果的影响。图 4.24 点绘了不同坡度下，1 号、2 号坡面的径流侵蚀功率在不同覆盖度下的变化情况。

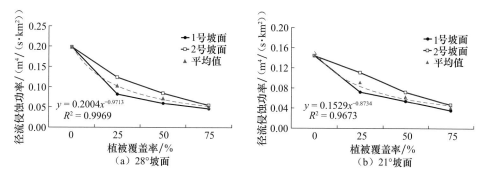

图 4.24 不同坡度下 1 号、2 号坡面径流侵蚀规律与植被覆盖率关系

通过试验发现，在两种坡度下，径流侵蚀功率整体规律相似，2 号坡面的径流侵蚀功率明显大于 1 号坡面，两坡面径流侵蚀功率随植被覆盖率的增加呈逐渐减小趋势，且 1 号坡面的径流侵蚀功率减少的趋势比 2 号坡面更为明显，1 号坡面在 25% 覆盖率时，径流侵蚀功率有明显的降低趋势，此时 1 号坡面与 2 号坡面的径流侵蚀功率差别最大，之后随着覆盖率增加缓慢减小。

结果表明，径流侵蚀功率随植被的增加呈减少趋势，植被格局可减少径流侵蚀功率，从而可以降低径流输移能力，达到减少侵蚀的目的；植被位于坡底的植被格局相比位于坡顶可以降低径流侵蚀能力。洪水径流输移能力与输沙模数之间存在良好的幂函数关系，洪水输移能力越大，流域输沙模数越大。本研究中径流侵蚀功率与植被覆盖率之间存在良好的幂函数关系，随植被覆盖度增加，径流侵蚀功率缓慢下降，植被对降低径流输移能力缓慢增加，表明植被覆盖度对侵蚀产沙的影响并不是简单的线性关系。

4.6 小 结

本章利用室内模拟降雨试验，探讨裸坡条件下径流、产沙特征及其影响因素，通过在坡面不同空间部位覆盖草被，分析不同植被覆盖面积和空间配置下坡面降雨径流、产沙特征，研究植被空间配置对坡面系统侵蚀、剥离、输沙过程中的作用机制和坡面植被水蚀动力调控特征。小结如下。

（1）裸坡降雨试验表明，在试验范围内，雨强和坡度是影响径流产沙的主要因素，雨强和坡度的交互效应对径流、产沙影响较弱；雨强是影响径流的主要因素，对径流的贡献率为 87%，坡度对其影响较小，坡度是影响产沙的主要因素，对产沙的贡献率为 76%，雨强对其影响较小，在大雨强下或者陡坡时，这种影响趋势更加明显。坡面累计径流量、累计产沙量与降雨历时呈显著的幂函数关系，累计产沙量的增加幅度远远大于累计产流量的增加幅度。降雨入渗影响土壤含水量及其空间分布，模拟降雨条件下，坡面含水量以坡面中部最大，坡面中下部居中，坡面上部最小。

（2）有植被覆盖的降雨试验表明，植被空间位置对径流、泥沙的调控作用的顺序为：坡底＞坡中＞坡顶，坡底种植植被的格局有很好的蓄水减沙的水土保持功效。坡面植被覆盖对侵蚀产沙的影响大于坡度因素对径流和产沙的影响，植被覆盖度和空间配置对坡面径流、侵蚀产沙影响较大。径流总量随植被覆盖率的增加呈幂函数减小趋势，产沙总量和径流含沙量均随植被覆盖率的增加呈指数函数减小趋势；随覆盖率的增加，植被对径流和产沙的调控作用逐渐增强，拦截泥沙的效果更为显著；在高覆盖率下，植被空间位置的调控作用逐渐减弱。不同植被覆盖率和不同空间位置下的径流量、产沙量存在显著差异，按照差异程度进行统计分组，结合植被减流、减沙系数，可对其他植被格局的坡面径流、产沙进行预测，为植被格局参数量化和水土保持功能模型的建立提供依据。径流侵蚀功率随植被的增加呈减少趋势，可以降低径流输移能力，达到减少侵蚀的目的，植被位于坡底的植被格局相比位于坡顶可以降低径流侵蚀能力；径流侵蚀功率与植被覆盖率之间存在良好的幂函数关系，随植被覆盖度增加，径流侵蚀功率缓慢下降，植被对降低径流输移能力缓慢增加。

参 考 文 献

焦菊英，王万忠．2001．人工草地在黄土高原水土保持中的减水减沙效益与有效盖度［J］．草地学报，9（3）：176-181．

刘斌，罗全华，常文哲，等．2008．不同林草植被覆盖度的水土保持效益及适宜植被覆盖度［J］．中国水土保持科学，6（6）：68-73．

刘启慎，李建兴．1994．低山石灰岩区不同植被水保功能的研究［J］．水土保持学报，8（1）：78-83．

刘元宝，唐克丽，查轩，等．1990．坡耕地不同地面覆盖的水土流失试验研究［J］．水土保持学报，4（1）：25-29．

卢纹岱．2000．SPSS for Windows 统计分析［M］．北京：电子工业出版社．

鲁克新．2006．黄土高原流域生态环境修复中的水沙响应模拟研究［D］．西安理工大学博士学位论文．

潘成忠，上官周平．2005．牧草对坡面侵蚀动力参数的影响［J］．水利学报，36（3）：371-377．

孙昕，李德成，梁音．2009．南方红壤区小流域水土保持综合效益定量评价方法探讨［J］．土壤学报，46（3）：373-380．

王光谦，张长春，刘家宏，等．2006．黄河流域多沙粗沙区植被覆盖变化与减水减沙效益分析［J］．泥沙研究，（2）：10-16．

韦红波，李锐，杨勤科. 2002. 我国植被水土保持功能研究进展 [J]. 植物生态学报，26 (4)：489-496.

吴钦孝，刘向东，苏宁虎，等. 1992. 山杨次生林枯枝落叶蓄积量及其水文作用 [J]. 水土保持学报，6 (1)：76-80.

徐宪立，马克明，傅伯杰，等. 2006. 植被与水土流失关系研究进展 [J]. 生态学报，26 (9)：3137-3143.

Zhang Y, Liu B Y, Zhang Q C, et al. 2003. Effect of different vegetation types on soil erosion by water [J]. Acta Botanica Sinica, 45 (10): 1204-1209.

第5章 重力侵蚀数值模拟及调控机理研究

重力侵蚀是土壤侵蚀的主要组成部分，又是黄河中游区形成和维持高含沙水流的重要来源。在黄土区土壤侵蚀分类体系（朱显谟，1956）所列的主要侵蚀类型中，坡面侵蚀研究进展较大。与此对比明显的是，重力侵蚀作为主要侵蚀类型，其研究一直处于滞后状态。理论研究方面，重力侵蚀的微观和宏观力学机理尚不明晰，计算模型的构建刚刚起步；试验和观测方面，至今仍未形成重力侵蚀系统观测和试验研究体系，另外，黄河中游区水土流失治理和水保工作的快速推进对土壤侵蚀研究提出了迫切要求。因此，对重力侵蚀的研究无论是理论还是应用都具有很高的研究价值。

黄土高原有大小沟壑 27 万多条，沟壑纵横，支离破碎，沟壑密度为 $3\sim5km/km^2$，沟壑面积占土地总面积的 20%～40%，是世界上水土流失最严重的地区之一，其支离破碎的地貌主要是由沟蚀造成的，沟蚀的发展使沟壑面积日益扩大，耕地面积日趋缩小。黄土高原的各类沟壑中以沟头前进、沟底下切、沟岸扩张三种形式的沟蚀危害最为严重。沟蚀加剧了面蚀的发展，造成了更多的陡峭临空面，加剧了重力侵蚀（Nachtergaele J，2001；Williams J R，1977）。根据水利部黄河水利委员会西峰、天水、绥德 3 个水保站在典型小流域的调查，这些地区重力侵蚀面积和侵蚀量均占很大比例，重力侵蚀十分严重（Williams JR，1977）。据王茂沟小流域 1964 年观测，沟谷坡滑塌有 99 处，崩塌有 35 处，总土方为 26806.8m³。黄土丘陵沟壑区第一副区的绥德韭园沟，重力侵蚀面积占总流失面积的 12.9%，重力侵蚀量占总流失量的 20.2%。在黄土塬区和丘陵区，沟头前进多以土体崩塌形式进行，沟岸扩张是崩塌与滑坡共同作用的结果。

淤地坝系作为治理水土流失的主要工程措施，在蓄水拦沙、防洪保收等方面起到了重要作用，有机统一了当地致富和治河的关系，同时又为治河部门所关注。打坝淤地、蓄水拦沙是流域水土保持综合治理的一项重要措施，目前国内外有关淤地坝的研究主要集中在坝系相对稳定和生态环境效应等方面，而对淤地坝减缓坡沟系统重力侵蚀，特别是滑坡侵蚀方面的研究则少有人提及。淤地坝通过抬高沟底侵蚀基准面提高了沟坡的稳定性，减少了沟坡重力滑坡侵蚀发生的可能性。本章通过数值模拟方法，对随坝地逐渐淤高，坡沟系统和小流域的稳定性、滑塌概率，以及滑坡侵蚀的破坏部位、机理等方面进行研究，对植被根系减缓坡沟系统和小流域重力侵蚀发生程度的机理进行探讨，以期为坡沟系统和小流域水土保持工程措施的配置及生物措施的开展提供有效参考，并为评价坡沟系统和小流域的稳定性提供一定可靠的依据。

5.1　重力侵蚀数值分析原理

5.1.1　滑坡稳定分析中的极限平衡方法

目前应用于边坡稳定分析的方法（表 5.1）主要有基于极限平衡的传统方法和有限元法（黄正荣，2006）。极限平衡法（如瑞典圆弧法、Bishop 法、Janbu 法）是边坡稳定分析中最常用的方法，它通过分析坡体在临近破坏的状况下，土体外力与内部强度所提供抗力之间的平衡，计算土体在自身和外荷作用下的土坡稳定性的程度。传统的边坡稳定性分析方法中，为了便于分析计算的进行，做了许多假设（赵尚毅，2002），如假设一个滑动面、不考虑土体内部的应力-应变关系等。因此，传统分析方法不能得到滑体内的应力、变形分布状况，也不能求得岩土体本身的变形对边坡变形及稳定性的影响。在边坡稳定分析中引入有限元法始于 20 世纪 70 年代（Zienkiewicz O C，1975），有限元法克服了传统分析方法的不足，不仅满足力的平衡条件，而且还考虑了土体应力-变形关系，能够得到边坡在荷载作用下的应力、变形分布，模拟出边坡的实际滑移面（赵尚毅，2002）。正因为有限元法的这些优点，近年来它已广泛应用于边坡稳定性分析。

表 5.1　滑坡稳定分析中的极限平很方法

分析方法	特　点
普通条分发 （Fellenius，1927）	仅适用于圆弧形滑裂面，满足力矩平衡条件，但不满足水平或垂直力平衡条件
比肖普改进法 （Bishop，1955）	仅适用于圆弧形滑裂面，满足力矩平衡条件，满足垂直力平衡条件，但不满足水平力平衡条件
力平衡法（如 Lowe and Karafiath，1960；美国工程兵团，1970）	适用于任意型滑裂面，满足力矩平衡条件，满足水平和垂直力平衡条件
摩根斯坦-普拉斯法 （Morgenstern and Price，1965）	适用于任意型滑裂面，满足所有平衡条件，并考虑土条两侧力的方向变化
斯番瑟法 （Spence，1967）	适用于任意型滑裂面，满足所有平衡条件，假定土条两侧的力平衡
边坡稳定性图 （Janbu，1968；Duncan et al.，1987）	使用方便、快速；对许多用途而言，准确度可满足要求
剑布通用土条法 （Janbu，1968）	适用于任意型滑裂面，满足所有平衡条件，并考虑土条两侧力的位置变化，但计算中较其他方法易出现数值溢出现象

5.1.2 有限元强度折减系数法基本原理

有限元强度折减系数法中边坡稳定的安全系数定义为：使边坡刚好达到临界破坏状态时，对岩土体的抗剪强度进行折减的程度，即定义安全系数为岩土体的实际抗剪强度与临界破坏时的折减后剪切强度的比值。有限元强度折减系数法的要点是利用式（5.1）和式（5.2）调整岩土体的强度指标 c 和 φ，其中，F_{trial} 为折减系数，然后对边坡进行数值分析，通过不断地增加折减系数，反复分析，直至其达到临界破坏，此时的折减系数即为安全系数 FOS[i]，亦即

$$C_{\text{F}} = C / F_{\text{trial}} \tag{5.1}$$

$$\phi_{\text{F}} = \tan^{-1}((\tan\phi) / F_{\text{trial}}) \tag{5.2}$$

式中，C_{F} 为折减后的黏结力；ϕ_{F} 为折减后的摩擦角。

然后作为新的资料参数输入，再进行试算，利用相应的稳定判断准则，程序可以自动根据弹塑性计算结果得到破坏滑动面，确定相应的 ω 值为坡体的最小稳定安全系数，此时坡体达到极限状态，发生剪切破坏，同时又可得到坡体的破坏滑动面。有关研究（赵尚毅，2002）表明，有限元强度折减系数法的安全系数在本质上与传统方法是一致的。赵尚毅等（2002）通过多种比较计算说明有限元强度折减系数法用于分析土坡稳定问题是可行的，但必须合理地选用屈服条件以及严格地控制有限元法的计算精度。

在 FLAC3D 中，假设模型所有非空区域都采用 Mohr-Coulomb 模型，可以采用命令 Solve fos 来实现强度折减法求解安全系数。该安全系数求解过程采用"二分法"搜索技术（Itasca Consulting Group，2005），以缩短求解时间。具体过程如下：首先，确定折减系数 F_{trial} 所属区间的上下限值，区间的初始下限值为能保证模拟计算收敛的任意折减系数值，初始上限值为计算不收敛的任意折减系数值。然后取上下限值确定的区间中点进行模拟计算，如果计算收敛，则用该值取代初始下限值；如果不收敛，则用该值取代初始上限值。如此反复进行，直到折减系数所属区间新的上下限值之差小于某一值 0.01，计算终止，从而得到安全系数。

5.1.3 崩塌滑坡的蒙特卡洛概率计算

对于土质边坡，根据其土体结构、破坏机理和受力状况，可以建立坡体地质条件和环境因素的状态函数：$Z=g(X_1, X_2, \cdots, X_m)$。式中，$X_1, X_2, \cdots, X_m$ 为 m 个具有一定分布、独立统计的随机变量，假定它们的统计量已知。如果把状态函数定义为安全系数，且随机的从诸随机变量 X_i 的全体中抽取同分布的变量 $X_1', X_2', \cdots, X_m'$，则由上述状态函数可求得安全系数的一个随机样本（Liu et al.，2000；Nearing et al.，1997）。如此重复，直到达到预期精度的充分次数 N，则可得到 N

个相对独立的安全系数 Z_1，Z_2，$\cdots$，Z_n。安全系数所表征的极限状态为 $Z=1$，可构造一个随机变量 Y：$Y=1$，$Z \leqslant 1$；$Y=0$，$Z>1$。设在 N 次随机抽样的试验中，出现 $Y=1$ 即 $Z \leqslant 1$ 的次数为 M，则坡体破坏的概率为

$$p_\mathrm{f} = \frac{M}{N} \tag{5.3}$$

式（5.3）即为直接蒙特卡洛法计算破坏概率的公式。显然当 N 足够大时，由安全系数的统计样本 Z_1，Z_2，$\cdots$，Z_n 可比较精确地近似安全系数的分布函数 $G(z)$，并估计其分布参数，其均值和标准差分别为

$$\mu_z = \frac{1}{n} \sum_{i=1}^{n} z_i \tag{5.4}$$

$$\sigma_z = \left[\frac{1}{n-1} \sum_{i=1}^{n} (z_i - \mu_i)^2 \right]^{\frac{1}{2}} \tag{5.5}$$

进而可根据 $G(z)$ 拟合的理论分布，通过积分方法求得破坏概率。本章中 N 取值为 20 万次，滑坡崩塌采用 Geo-slope 软件计算，选用 Spencer 法。

5.1.4　FLAC3D数值模拟原理

FLAC3D（Fast Lagrangian Analysis of Continua in 3 Dimensions）是由美国 Itasca Consulting Group Inc. 开发的三维显式有限差分法程序，率先将此方法应用于岩土体的工程力学计算中，并于 1986 年开发出应用软件，它可以模拟岩土或其他材料的三维力学行为。FLAC3D 将计算区域划分为若干六面体单元，每个单元在给定的边界条件下遵循指定的线性或非线性本构关系，如果单元应力使得材料屈服或产生塑性流动，则单元网格可以随着材料的变形而变形，这就是拉格朗日算法。FLAC3D 采用了显式有限差分格式来求解场的控制微分方程，并应用了混合离散单元模型，可以准确地模拟材料的屈服、塑性流动、软化直至大变形，尤其在材料的弹塑性分析、大变形分析和模拟施工过程等领域具有其独到的优点。FLAC3D 的求解采用如下 3 种计算方法（Dawson et al.，1999；Itasca Consulting Group，2005；Mellah et al.，2001）：

（1）离散模型方法：连续介质被离散为若干互相连接的六面体单元，作用力均集中在节点上。

（2）有限差分方法：变量关于空间和时间的一阶导数均用有限差分来近似。

（3）动态松弛方法：应用质点运动方程求解，通过阻尼使系统运动衰减至平衡状态。

在 FLAC3D 中采用了混合离散方法，区域被划分为常应变六面体单元的集

合体，而在计算过程中，程序内部又将每个六面体分为以角点为常应变四面体的集合体，变量均在四面体上进行计算，六面体单元的应力、应变取值为其内四面体的体积加权平均。例如，一四面体，第 n 面表示与节点 n 相对的面，设其内任一点的速率分量为 V_i，可由高斯公式得

$$\int_V v_{i,j} \mathrm{d}V = \int_S v_i n_j \mathrm{d}S \tag{5.6}$$

式中，V 为四面体的体积；S 为四面体的外表面；n_j 为外表面的单位法向向量分量。对于常应变单元，v_i 为线性分布，n_j 在每个面上为常量，由式（5.6）可得

$$v_{i,j} = -\frac{1}{3V} \sum_{i=1}^4 v_i^l n_j^{(l)} S^{(l)} \tag{5.7}$$

式中，上标 l 为节点 l 的变量；上标 (l) 表示面 l 的变量。

另外，FISH 是 FLAC3D 中具有强大内嵌程序的语言，使得用户可以定义新的变量或函数，以适应实际工程的特殊需要。利用 FISH，用户可以自己设计 FLAC3D 内部没有的特殊单元形态；可以在数值试验中进行伺服控制；可以指定特殊的边界条件，自动进行参数分析；可以获得计算过程中节点、单元参数，如坐标、位移、速度、材料参数、应力、应变、不平衡力等。

5.1.5 坡沟系统作用力

5.1.5.1 沟道水流冲刷力

黄土坡底下形成的沟道是雨季主要的行洪通道。由于其坡降一般较大，洪峰较为集中，因此，水流对坡底将形成强烈的侧向淘刷。

黄土沟坡颗粒粒径在 0.05～0.005mm 的粉粒占 65% 左右，而粒径小于 0.001mm 的黏性颗粒约占 6%，因此，物理特性可按具有一定黏结力的黏土考虑。若将重力、拖曳力、上举力、黏结力统一考虑，得出新淤黏土的起动切应力公式为

$$\tau_c = 66.8 \times 10^2 \times d + \frac{3.67 \times 10^{-6}}{d} \tag{5.8}$$

式中，τ_c 为起动切应力，N/m²；d 为粒径，m。

在给定的 Δt 时间内，洪水持续对沟坡进行侧向冲刷，冲刷导致的横向后退速度与水流切应力 τ 及上述的土体起动切应力 τ_c 有关，同时还与土体本身的理化性质有关。

Osman 等根据室内模型试验得到的土体单位时间侧向冲刷距离：

$$\Delta B = \frac{C_1 \times (\tau - \tau_c) \times \mathrm{e}^{-1.3\tau_c}}{\gamma_s} \tag{5.9}$$

式中，ΔB 为土体单位时间受水流侧向冲刷而后退的距离，m；τ 为水流切应力，N/m^2；τ_c 为土体起动切应力，N/m^2；C_1 为与土体理化特性有关的系数，根据 Osman 的试验资料，可取 $C_1=3.64 \times 10^{-4}$

坡底由于水流侧向冲刷而后退 ΔB 后，沟坡将相应产生直立高度，其转折点之上的沟坡高度为

$$H_1 = H - \Delta B \tan i \tag{5.10}$$

式中，H_1 为直立面转折点上的沟坡高度，m；H 为沟坡高度，m；i 为沟坡自然坡角度；ΔB 同前。

当沟坡发生垮塌时，破坏面与水平面的夹角为

$$\beta = 0.5 \times \left\{ \tan^{-1}\left[\left[\frac{H}{H_1}\right](1-k^2)\tan(i) \right] + \phi \right\} \tag{5.11}$$

式中，k 为黄土坡面中较大垂直节理或裂隙深度与沟坡高度 H 的比值，可根据地质调查确定，无资料时可取 0.3；φ 为摩擦角；β 为垮塌面与水平面的夹角；其余各量同上。

5.1.5.2　下滑力

降雨期间，沟坡的下滑力主要由坡面垂直裂缝中的水压力、沟坡土体重力、沟坡下滑力等在破坏面上的分力组成。

（1）垂直裂缝中的水压力

由于黄土普遍具有较为发育的垂直节理，在各种营力作用下，黄土沟坡，特别是坡度较陡的沟坡部分常沿某一垂直节理产生具有一定深度的裂隙。降雨期间裂隙中充满雨水，深度较大的裂隙中的水压力是不可忽略的，将构成沟坡下滑力的一部分。

该水压力在沿破坏面的分力为

$$T = \frac{1}{2}\gamma H_t^2 \tag{5.12}$$

式中，γ 为入渗雨水容重，kN/m^3；H_t 为裂隙深度，m；T 为入渗雨水压力，kN/m。

（2）沟坡土体重力

由概化沟坡的几何关系可知，沟坡土体的重力可表示为

$$W_t = \frac{\gamma_{wm}}{2}\left[\frac{H^2 - H_t^2}{\tan\beta} - \frac{H_1^2}{\tan i}\right] \tag{5.13}$$

式中，W_t 为可能失稳的土体重力，kN/m；γ_{wm} 为相应于某一土体含水量 ω 时的土体容重，kN/m^3；其余各量同前。

（3）沟坡下滑力

下滑力由上述裂隙中水压力和土体重力沿失稳破坏面的分力组成，可由下式表达

$$F_D = W_t \sin\beta + T\cos\beta \tag{5.14}$$

式中，F_D 为沟坡下滑力，kN/m；其余各量同前。

5.1.5.3 沟坡抗滑力

抗滑力的确定较为复杂。由于黄土高原地区的降雨一般都集中在汛期的几个月时间里有限的几场暴雨中，同时由于地下水埋深较深，因此，大部分时间沟坡土体均处于非饱和状态。

非饱和土体的本构关系和强度特征与饱和土有较大不同。主要是非饱和土不仅要满足土体本身的应力-应变关系，同时还受到土体含水量的较大影响。在含水量较低时，由于负空隙水压力的存在，会形成基质吸力，从效果上看，相当于增加了附加黏聚力，增强了土体的抗剪强度。但随着降雨入渗，土体的含水量增大，则附加黏聚力急剧降低，从而导致抗剪强度减小，当抗剪强度不足以抵抗下滑力时，就可能发生沟坡的滑动破坏。

采用简化的处理方法，将非饱和土抗剪强度中的黏聚力分为饱和黏聚力与附加黏聚力，并通过试验得到不同土体的附加黏聚力随含水量的变化关系。对于同一土体，其内摩擦角可以按常数考虑。非饱和土抗剪强度可近似写为

$$\tau = c + \sigma\tan\varphi = c' + \tau' + \sigma\tan\varphi \tag{5.15}$$

中，τ 为非饱和土的抗剪强度，kPa；c' 为相应于饱和土体的黏聚力，kPa；τ' 为附加黏聚力；其余各量同前。

对于不同地区的黄土，其附加黏聚力随含水量变化的系数和指数有一定变化，应根据相关试验拟合确定。

确定黄土抗剪强度参数随含水量变化的关系后，即可由图所示的几何关系，确定沟坡滑动面上所受的抗滑力，如下式所示：

$$F_R = cL + N\tan\phi = \frac{(H - H_t)c}{\sin\beta} + W_t\cos\beta\tan\phi \tag{5.16}$$

式中，F_R 为滑动面上的抗滑力，kN/m；N 为作用在滑动面上的法向力，kN/m；c 由式（5.15）确定，其余各量同前。

5.1.6 Rosenblueth矩估计方法的基本原理

安全系数是边坡稳定性评价最常见、最重要的指标，它建立在确定性概念之上（祝玉学，1993）。其最大的缺点是没有考虑岩土体中实际存在的不确定性和

相关性，如材料参数（摩擦系数、黏聚力、容重）的变异性、相关性；孔隙水压力及外荷载的波动性；计算模型的不确定性等。为克服上述缺点，建立在不确定性概念之上的概率分析方法被引入边坡稳定性评价中，成为一种崭新的分析工具。概率方法与定值方法互为补充、相互印证，使得边坡的稳定性评价更科学、更精确（祝玉学，1993）。

Rosenblueth 方法又称统计矩的点估计方法，是由罗森布鲁斯（Rosenblueth）于 1975 年提出的一种矩估计的近似方法。其基本思想是：当各种状态变量的概率分布为未知时，只要利用其均值和方差（通常由点估计给出），就可求得状态函数的 1 阶矩（均值）、2 阶中心矩（方差）、3 阶中心矩和 4 阶中心矩，进而可求得可靠指标、破坏概率。

Rosenblueth 法原理简单、应用方便，对于边坡及流域稳定性评价是非常实用的方法。

对于边坡稳定性问题，根据岩土体结构、破坏机理和受力状况，可以建立如下状态函数：

$$Z = F(x_1, x_2, \cdots, x_n) \tag{5.17}$$

式中，$x_1, x_2, \cdots, x_n$ 分别为容重、黏聚力、摩擦系数、孔隙水压力、荷载强度、降雨强度等随机变量，它们具有一定的分布（大多服从正态分布或对数正态分布）。本章以安全系数为状态函数，即

$$Z = F(x_1, x_2, \cdots, x_n) = \frac{R(x_1, x_2, \cdots, x_n)}{S(x_1, x_2, \cdots, x_n)} \tag{5.18}$$

式中，$R(x_1, x_2, \cdots, x_n)$ 为抗滑力或者抗滑力矩；$S(x_1, x_2, \cdots, x_n)$ 为下滑力或者下滑力矩。

在状态变量 $x_i (i = 1, 2, \cdots, n)$ 的分布函数未知的情况下，勿考虑其变化形态，只在区间 $(x_{\min}, x_{\max})$ 上分别对称地择其两个取值点，通常取均值 u_{xi} 正负一个标准差 σ_{xi}，即

$$\left. \begin{array}{l} x_{i1} = u_{xi} + \sigma_{xi} \\ x_{i2} = u_{xi} - \sigma_{xi} \end{array} \right\} \tag{5.19}$$

对于 n 个状态变量，可有 $2n$ 个取值点，取值点的所有可能组合则有 2^n 个。在 2^n 个组合下，可根据状态方程，求得 2^n 个状态函数 Z，即 2^n 个安全系数。

如果 n 个状态变量相互独立，每一组合出现的概率相等，则 Z 的均值估计为

$$u_Z = \frac{1}{2^n} \sum_{j=1}^{2^n} Z_j \tag{5.20}$$

如果 n 个状态变量相关，且每一组合出现的概率不相等，则其概率值 P_j 的

大小取决于变量间的相关系数:

$$P_j = \frac{1}{2^n}(1 + e_1 e_2 \rho_{12} + e_2 e_3 \rho_{23} + \cdots + e_{n-1} e_n \rho_{(n-1)n}) \tag{5.21}$$

式中, $e_i(i=1,2,\cdots,n)$ 取值为, 当 x_i 取 x_{i1} 时, e_i=1; 当 x_i 取 x_{i2} 时, e_i=-1; $\rho_{(i-1)i}$ 为状态变量 x_{i-1} 与 x_i 之间的相关系数。所以, Z 的均值估计式为

$$u_Z = \sum_{j=1}^{2^n} P_j Z_j \tag{5.22}$$

根据中心矩与原点矩的估计可以导出安全系数概率分布的 4 阶矩表达式, 由此可估计出其概率分布的空间形态和位置。

(1) 1 阶矩 M_1。随机变量 Z 的 1 阶矩也称均值, 定义为

$$M_1 = E(Z) = u_Z = \int_{-}^{} zf(z)\mathrm{d}z$$

其点估计为

$$M_1 = E(Z) = u_Z = \sum_{j=1}^{2^n} P_j Z_j \tag{5.23}$$

(2) 2 阶中心矩 M_2^2。随机变量 Z 的 2 阶中心矩为 Z 的方差 σ_Z^2, 其定义为

$$M_2 = E(Z - u_Z)^2 = \int_{-}^{} (z - u_Z)^2 f(z)\mathrm{d}z$$

其点估计为

$$M_2 = E(Z - u_Z)^2 = \sigma_Z^2 = \sum_{j=1}^{2^n} P_j Z_j^2 - u_Z^2 \tag{5.24}$$

(3) 3 阶中心矩 M_3。随机变量 Z 的 3 阶中心矩为

$$M_3 = E(Z - u_Z)^3 = E(Z^3) - 3u_Z E(Z^2) - 2u_Z^3$$

其点估计为

$$M_3 = \sum_{j=1}^{2^n} P_j Z_j^3 - 3u_Z \sum_{j=1}^{2^n} P_j Z_j^2 + 2u_Z^3 \tag{5.25}$$

(4) 4 阶中心矩 M_4。随机变量 Z 的 4 阶中心矩为

$$M_4 = E(Z - u_Z)^4$$

其点估计为

$$M_4 = \sum_{i=1}^{2^n} P_j Z_j^4 - 4u_Z M_3 - 6u_Z^2 M_2 - 4u_Z^4 \tag{5.26}$$

根据上述公式, 求得状态函数 Z 的 1 阶矩 M_1、2 阶中心矩 M_2、3 阶中心矩 M_3 和 4 阶中心矩 M_4。由此可得到以下反映 Z 分布形态的统计参数。

(1) 均值 u。$u=M_1$, Z 的平均取值。

（2）变异系数 δ。$\delta=\sqrt{M_2/M_1}$，反映 Z 的离散程度。

（3）偏态系数 $\alpha_1=M_3/M_2^{3/2}$。反映 Z 分布的对称性和偏倚方向。$\alpha_1=0$，对称；$\alpha_1<0$，负偏态；$\alpha_1>0$，正偏态。

（4）峰度系数 α_2。$\alpha_2=M_4/M_2^2$，反映 Z 分布的突起程度。以正态分布为标准（峰度系数 3），$\alpha_2>3$，比正态分布高而尖；$\alpha_2<3$，比正态分布平坦。

求出状态函数的 u_Z 和 σ_Z^2，如果状态函数服从正态分布或对数正态分布，可计算出破坏概率为

$$P_f=1-\Phi(\beta) \tag{5.27}$$

式中，$\Phi(\beta)=\dfrac{1}{\sqrt{2\pi}}\displaystyle\int_{-\infty}^{\beta}\mathrm{e}^{-\frac{x^2}{2}}\mathrm{d}x$。

5.2　坡沟系统重力侵蚀数值模拟研究

淤地坝通过抬高沟底侵蚀基准面提高了沟坡的稳定性，减少了沟坡重力滑坡侵蚀发生的可能性。根据水利部黄河水利委员会西峰、天水、绥德 3 个水保站在典型小流域的调查，黄土高原沟壑区的西峰南小河沟，重力侵蚀面积占流失面积的 9.1%，重力侵蚀量占总流失量的 57.5%；据王茂沟小流域 1964 年观测，沟谷坡滑塌有 99 处，土方为 21295.8m³；崩塌有 35 处，土方为 5494.5m³，泻溜有 1 处，土方为 16.5m³，总土方为 26806.8m³。1986 年沟道打坝抬高了侵蚀基准面，稳定了沟壁，加之沟谷大多种植了林草，据实地观测没有上述情况出现，沟壁的扩张得到控制。韭园沟流域重力侵蚀面积占总流失面积的 12.9%，重力侵蚀量占总流失量的 20.2%。在黄土塬区和丘陵区，沟头前进多以土体崩塌形式进行，沟岸扩张是崩塌与滑坡共同作用的结果。淤地坝建成以后坝内淤积抬高了侵蚀基准面，可以防治沟道下切和沟岸坍塌，减少沟道侵蚀的作用。建坝后泥沙淤平了沟谷，土壤侵蚀严重的沟谷从此结束了土壤侵蚀（郑宝明，2003；高佩玲，2005）。然而重力侵蚀的发生具有很大的随机性，其产沙量较难测定，因此，为了研究淤地坝淤积对流域坡沟系统重力侵蚀的影响，为坡沟系统重力滑坡侵蚀的定量研究提供理论参考，采用数值模拟的方法对坡沟系统的稳定性、滑塌概率、滑塌量随着坝地逐渐淤高的变化进行了研究。

5.2.1　研究区概况

韭园沟是无定河中游左岸的一条支沟，沟口距绥德县城 5km，位于 110°16′ E, 37°33′ N。流域面积为 70.7km²，主沟长 18km，沟底平均比降为 1.2%，沟长大于 300m 的支沟有 430 条，沟壑密度为 5.43km/km²。海拔为 820~1180m，地形地貌主要由梁、峁和分割梁峁的沟谷组成。沟间地占总面积

的 56.6%，坡度多在 10°～35°；沟谷地占总面积的 43.4%，谷坡陡峻，一般坡度在 35°以上。地层构造表层主要是马兰黄土，厚度为 20～30m，梁峁峁顶均有分布；中间为离石黄土，厚度为 50～100m，多出露于谷坡上；底层主要是三叠纪砂页岩，岩层基本接近水平，多出露于干沟、支沟的下游沟床及其两侧。

　　该流域（图 5.1）属北温带干旱大陆性气候，年平均气温为 10.2℃，无霜期 170d。多年平均降水量为 508mm，降水的年际变化极不均匀，最多的 1964 年为 753mm，最少的 1965 年为 231.1mm。降雨的年内分配极不均匀，汛期的 6～9 月降水量占年降水总量的 72.6%，且多以暴雨形式出现，一次暴雨产沙量往往为全年产沙量的 60% 以上，土壤侵蚀以水蚀和重力侵蚀为主，治理前多年平均侵蚀模数为 18120t/(km² · a)，属剧烈侵蚀区，在黄土丘陵沟壑区具有一定的代表性（高鹏，2003；崔灵周，2006）。

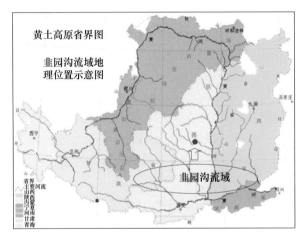

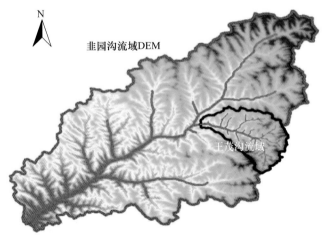

图 5.1　研究区地理位置图

5.2.2　坡沟系统概化模型及有限元计算模型

通过对韭园沟基本坡沟地貌特征的勘测分析，坡面坡度大致在 20° 左右，沟坡坡度大致在 40°～60° 分布频率较大，将韭园坡沟系统进行概化，建立坡沟系统三维概化模型（图 5.2（a））。计算模型除坡面设为自由边界外，模型底部（$z=0$）设为固定约束边界，模型四周设为单向边界该模型。坡面坡度为 19°、沟坡坡度为 45°。概化模型土层从上到下分别为马兰黄土（Q_3^{eol}），该土层厚度为 25m；离石黄土（Q_2^{eol}），该土层厚度为 50m，x 方向长为 120m，y 方向长为 80m，z 方向高 75m，该模型有限元网格共有节点 4641 个，单元 3840 个。图 5.2（b）为沟底侵蚀基准面抬升至 30m 时的坡沟系统三维概化模型，此模型网格共有节点 8721 个，单元 7360 个，其他参数和设置与初始状态一致。

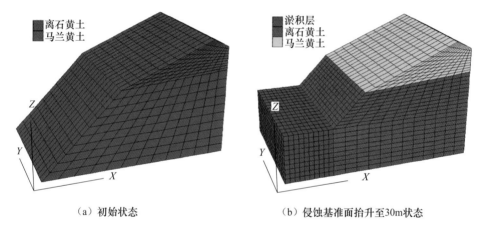

（a）初始状态　　　　　　（b）侵蚀基准面抬升至30m状态

图 5.2　坡沟系统有限元计算模型

5.2.3　土体物理力学指标

根据边坡工程经验、现场资料分析、现场及室内岩土物理力学试验，坡沟系统模型各土层材料物理力学参数的具体特征取值见表 5.2。

表 5.2　概化模型的计算参数

土层类型	体积模量 K/MPa	剪切模量 G/MPa	黏结力 c/kPa	内摩擦角 Φ/(°)	密度 ρ/(kg/m³)
马兰黄土（峁坡）	417	149	23	21.9	1.56
离石黄土（沟坡）	588	226	37	26.5	1.78

5.2.4　数值计算过程

　　计算时，按下述步骤进行：首先，选择弹性本构模型，按前述约束条件，在只考虑重力作用的情况下进行弹性求解，计算至平衡后对位移场和速度场清零，生成初始应力场；最后进行本构模型为 Mohr-Coulomb 模型的弹塑性求解，直至系统达到平衡。图 5.3 为数值计算过程中弹塑性求解阶段的系统不平衡力演化全过程曲线。其中，体系最大不平衡力是指每一个计算循环（计算时步）中，外力通过网格节点传递分配到体系各节点时，所有节点的外力与内力之差中的最大值。可以看到，在本次计算过程中间时步上出现了一次不平衡力突变，这是由于采用了弹性模型求解初始应力的方法所致，之后进入塑性求解阶段。

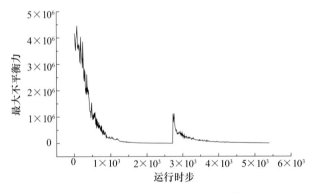

图 5.3　系统不平衡力演化全过程曲线

5.2.5　坡沟系统稳定性变化特征

　　通过 FLAC3D 和蒙特卡洛概率算法，对侵蚀基准面从 0m 逐渐抬升至 30m 进行模拟计算，得到了坡沟系统随侵蚀基准面逐渐抬升，最大位移、安全系数及滑塌概率的散点拟合图，如图 5.4～图 5.6 所示。可以看出，随侵蚀基准面逐渐抬升，最大位移、滑塌概率逐渐降低，安全系数逐渐增大。侵蚀基准面抬升至 30m 时，最大位移降低了 0.6cm，降幅为 10.5%，滑塌概率降幅为 42%，安全系数增加 0.43，增加幅度为 41.3%，坡沟系统更加稳定。各参数变化均满足指数函数分布规律，拟合方程相关系数 R^2 均达到 0.99 以上，说明方程拟合精度较高。各指标拟合方程如表 5.3 所示，其结果可用于坡沟系统重力侵蚀的定性分析与定量计算。

　　表 5.3 表明，淤地坝所在沟道两侧的坡沟稳定性随着淤地坝坝内淤积物淤积厚度的增大呈现显著的指数函数关系，即随着侵蚀基准面的抬升，即淤积厚度的增大，坡沟系统的稳定性增大，相应的滑塌量减小。坡沟系统的重力侵蚀滑塌概

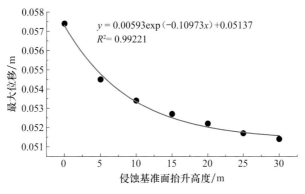

图 5.4　最大位移变化规律

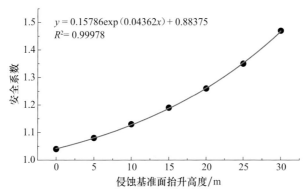

图 5.5　安全系数变化规律

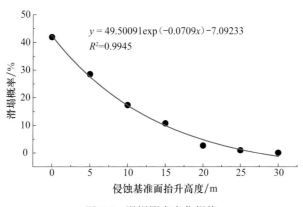

图 5.6　滑塌概率变化规律

率随着淤地坝坝内淤积厚度的增大也呈现出明显的递减关系，即随着淤积厚度的增大，坡沟系统的重力侵蚀滑塌概率呈现显著的减小趋势。由此可知，随着淤积厚度增大，坡沟系统的稳定性逐渐增大，重力侵蚀量或侵蚀潜力呈现明显的递减趋势，可见，淤地坝工程对坡沟系统的重力侵蚀具有较强的调控作用。

表 5.3　随坝地淤高坡沟系统的最大位移、安全系数和滑塌概率变化规律

指标	相关方程	相关系数 R^2
最大位移 /m	$y=0.00593\exp(-0.10973x)+0.05137$	0.99221
安全系数	$y=0.15786\exp(0.04362x)+0.88375$	0.99978
滑塌概率 /%	$y=49.50091\exp(-0.0709x)-7.09233$	0.99450

淤地坝减缓重力侵蚀的作用是在沟道建坝以后开始的，其减蚀量一般与沟壑密度、沟道比降和沟谷侵蚀模数等因素有关。沟道里修建了淤地坝以后，随着坝前泥沙的淤积，侵蚀基准面抬高，沟坡得以稳定，沟道的重力侵蚀可以得到控制，而且淤积程度不同，重力侵蚀的控制程度也不同，随着淤积厚度增大，在保证坝体自身安全的前提条件下，坝内的淤积厚度越大，对重力侵蚀发生的控制越为有利。

5.2.6　坡沟系统位移场分布模拟

图 5.7～图 5.9 分别为坡沟系统整体位移云图、铅垂方向位移云图和水平位移云图。无论是在初始状态还是在基准面抬升的状态下，从整体位移云图来看，位移最大的部分均集中在梁峁顶和梁峁坡上部；铅垂方向位移云图与整体位移云图相似，数值相近，且最大铅垂位移也出现在梁峁顶和梁峁坡上部，这表明整个坡沟系统上部位移是以"沉降"模式为主。而最大水平位移出现在沟坡中下部，并以此为中心，水平位移呈"圆弧"或"同心圆"状逐渐减小向四周扩散，这表明，相对于其他位置，沟坡处以水平方向变形为主，会朝沟底方向滑动，整个坡沟系统上部是以"沉降"模式为主，下部以"剪切"模式为主。

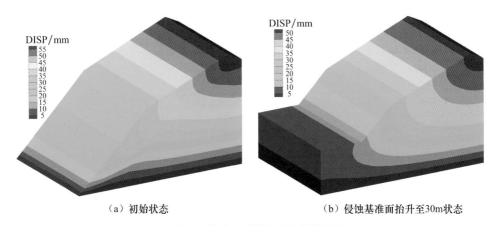

（a）初始状态　　　　　　　　　　（b）侵蚀基准面抬升至30m状态

图 5.7　坡沟系统在两种状态时整体位移分布图

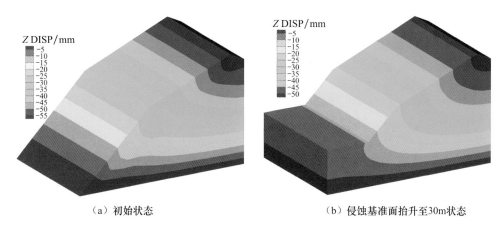

（a）初始状态　　　　　　　　　（b）侵蚀基准面抬升至30m状态

图 5.8　坡沟系统在两种状态时铅垂方向位移分布图

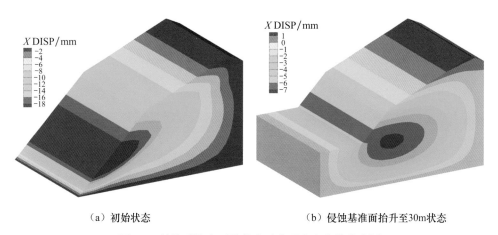

（a）初始状态　　　　　　　　　（b）侵蚀基准面抬升至30m状态

图 5.9　坡沟系统在两种状态时水平方向位移分布图

随着侵蚀基准面的抬升，整体位移、铅垂方向位移和水平方向位移分布规律保持不变，但均有不同程度的减小，尤其使梁峁顶和梁峁坡处的位移有了较大幅度的减小，重力侵蚀危害程度减缓。

由图 5.10 可以看出，初始状态时沟坡处的位移矢量有些呈现水平运动，表现出一些"剪切"趋势，但幅度较小，当侵蚀基准面抬升时，水平运动趋势进一步减弱。在两种情况下，梁峁顶和梁峁坡上部位移矢量基本垂直向下，进一步验证了整个坡沟系统上部位移是以"沉降"模式为主的结论；并且在梁峁顶和梁峁坡处位移矢量相当密集，表明重力侵蚀比较严重的地方多发生在梁峁顶和梁峁坡处。当侵蚀基准面抬升时，梁峁顶和梁峁坡处位移矢量相对稀疏，位移明显减小。表明沟头溯源区是坡沟系统侵蚀最强烈的部位，随着侵蚀基准面的抬升，该区位移减少十分显著，坡沟系统逐渐稳定、重力侵蚀发生程度得以减缓。在配置坡面水土保持工程措施和生物措施的时候要有针对性地进行重点防护，以使坡沟系统土壤侵蚀降低到最低限度。

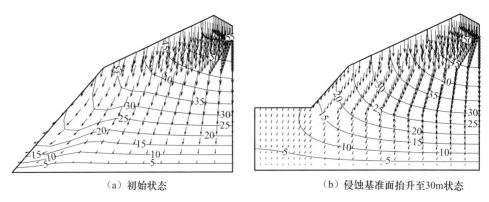

（a）初始状态 　　　　　　　　　　（b）侵蚀基准面抬升至30m状态

图 5.10　坡沟系统在两种状态时的位移矢量图

5.2.7　坡沟系统应力场分布模拟

图 5.11 和图 5.12 分别为坡沟系统第一主应力和第三主应力分布图（FLAC3D 中以拉应力为正，压应力为负，故以绝对值的大小判定第一主应力和第三主应力）。从边坡主应力分布图来看，未出现明显的拉应力区，基本上以压应力为主。若发生破坏，则以"压-剪"破坏模式为主。最大主应力（压应力）等值线平滑且相互平行，基本顺坡面方向一直延伸，很少出现突变，但在坡底区域产生应力集中效应，这对坡沟稳定性不利，表明边坡深部土体主要受铅垂方向的压应力作用，体现为受压屈服。侵蚀基准面抬升时，虽然主应力变化不大，但最大受压屈服区体积已明显减少，水面比降减少，水流搬运泥沙的能力减弱，河流发生堆积，这表明凹形边坡整体几何形态能够有效降低坡沟系统的应力集中，减缓重力侵蚀的发生程度。

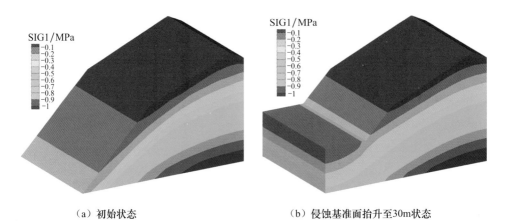

（a）初始状态 　　　　　　　　　　（b）侵蚀基准面抬升至30m状态

图 5.11　坡沟系统在两种状态时第一应力分布图

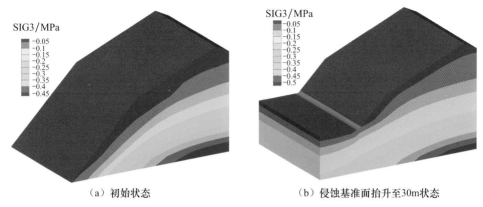

（a）初始状态　　　　　　　　　　（b）侵蚀基准面抬升至30m状态

图 5.12　坡沟系统在两种状态时第三应力分布图

5.2.8　坡沟系统塑性区分布模拟

图 5.13 为坡沟系统两种状态时单元塑性状态指示图，在计算循环里面，每个循环中，每个单元（zone）都依据屈服准则处于不同的状态，shear 和 tension 分别表示模型因受剪切和受张拉而处于塑性状态。在此塑性指示图中只获得平衡状态下，现在的（now）剪切塑性屈服区域（shear-n）和现在的张拉塑性屈服区域（tension-n），而没有获取 shear-p、tension-p 两种过去（past）的状态，就是只关注正处于塑性状态的区域，只有处于 now 状态的单元才会对模型起破坏作用。

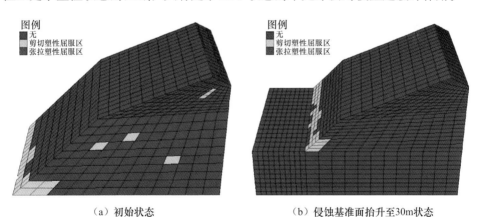

（a）初始状态　　　　　　　　　　（b）侵蚀基准面抬升至30m状态

图 5.13　坡沟系统在两种状态时塑性状态分布

图 5.13 为两种状态的剪切塑性屈服区域和张拉塑性屈服区域分布图。可以看出，初始状态时，剪切塑性屈服区域主要分布在沟坡中下部，即若发生破坏，此处会以水平剪切形式体现；侵蚀基准面抬升时，剪切塑性屈服区域已随基准面的抬升而抬升，该区域体积已经明显减少，且在土体内部没有出现联通贯穿的情

况，说明剪切破坏程度已经明显减弱。从张拉塑性屈服区域的分布来看，初始状态时，张拉塑性屈服区域主要分布在梁峁顶和梁峁坡上部，分布面积较大，已连成片，说明梁峁顶和梁峁坡上部发生张拉破坏的可能性较大，破坏程度较为严重；侵蚀基准面抬升时，张拉塑性屈服区域仅在梁峁顶零星出现，未连成片，说明张拉破坏程度已经大幅度减弱，边坡发生张拉破坏的可能性很小，即使发生，也仅是局部区域，不会对边坡整体稳定性造成重大影响，这也同时验证了上面几节中位移场、应力场的分布规律。

从塑性区分布来看，它们均处于边坡坡面的浅层区域，并未出现塑性区贯穿坡体的情况，这表明边坡内部土体处于正常状态。需要强调的是，计算结果显示的是以 Mohr-Coulomb 屈服准则为依据的塑性区分布情况，该屈服准则认为材料进入屈服即破坏，事实上土体材料进入屈服并不意味着破坏，它在一定程度上还可以在硬化状态下继续工作，因而边坡实际的稳定性状态要比计算结果显示得要好一些。

5.3　小流域重力侵蚀数值模拟研究

5.3.1　复杂地形的FLAC3D建模方法

FLAC3D 的计算公式源于有限差分方法，但其计算结果与有限元方法的计算结果（对于常应变四面体）相同，而且，它与现行的数值方法相比有着明显的优点：FLAC3D 计算中使用了"混合离散化"（mixed discretization）技术，更为精确和有效地模拟计算材料的塑性破坏和塑性流动。这种处理办法在力学上比常规有限元的数值积分更为合理。全部使用动力运动方程，即使在模拟静态问题时也是如此。因此，它可以较好地模拟系统的力学不平衡到平衡的全过程。求解中采用"显式"差分方法，这种方法不需要存储较大的刚度矩阵，既节约了计算机的内存空间，又减少了运算时间，因而提高了解决问题的速度。FLAC3D 软件为用户提供了 12 种初始单元模型（primitive mesh），这些初始单元模型对于建立规整的三维工程地质体模型具有快速、方便的功效；同时具备内嵌程序语言 FISH，可以通过该语言编写的命令来调整、构建特殊的计算模型，使之更符合工程实际。

尽管 FLAC3D 软件为用户提供了 12 种初始单元模型，但由于其在建立计算模型时仍然采用键入数据、命令行文件方式，尤其在建立复杂地形的模型时造成了一定的困难。为此本研究将地理信息系统与可视化 Surfer 软件相结合，依靠 FLAC3D 内置的 FISH 语言在初始单元模型基础上编写了前处理程序，实现了对复杂多层地形建模的二次开发。

首先采用地理信息系统 ArcGIS 9.2 将研究区小流域 DEM 提取出三维数据信息，在 Surfer 软件读取三维数据，利用克里格差值拟合方法生成地层界面和边坡坡面并离散化；然后输出地层界面和边坡坡面的网格数据，该数据信息为存储了差值后规格网格点高程信息的 grd 文件。然后利用 FLAC3D 内嵌 FISH 语言程序提取该 grd 文件的高程信息，使之转换为符合 FLAC3D 要求的表格（table）数据；接着以这些表格数据为基础，固定单元在 x、y 方向的尺寸大小，以两个楔形体为一组构成一个四棱柱，在这两个方向上循环生成一系列四棱柱体，最终组合成边坡三维网格。在地形比较陡峭的情况下只是增加了单元数，可以将三棱柱和四棱柱结合起来，用 4 个顶点的相差容许度来判断是否生成四棱柱。如果地形扭曲较大，则拆分成两个三棱柱，便可完成对多个地层（材料）模型的构建，效果良好。该处理办法较好地克服了 FLAC3D 建立较复杂计算模型的困难，成功地实现了建模过程。由 Surfer 软件绘制的小流域地形地貌图 5.14 和由 FLAC3D 生成的小流域概化模型图 5.15 对比表明，建立的三维模型可以真实地表现小流域的地形、地貌，仿真效果良好，使模拟计算的精确度、可靠度得以大大提高。

5.3.2　小流域概化模型及有限元计算模型

图 5.14 为采用 Surfer 软件绘制的小流域地形地貌图，图 5.15 为 FLAC3D 软件建立的小流域概化模型。计算模型除坡面设为自由边界外，模型底部（z=0）设为固定约束边界，模型四周设为单向边界。概化模型土层从上到下分别为马兰黄土（Q_3^{eol}）和离石黄土（Q_2^{eol}），其土层平均厚度分别为50m 和150m，x 方向长为580m，y 方向长为760m，z 方向长为290m。坡面坡度主要在 10°～35°，该模型有限元网格共有节点 50895 个，单元 88064 个，每个单元长为9m。

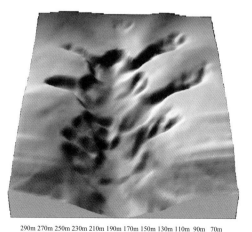

290m 270m 250m 230m 210m 190m 170m 150m 130m 110m 90m 70m

图 5.14　小流域地形地貌图

图 5.15　小流域概化模型

5.3.3　小流域重力侵蚀发育情况

　　模型在重力加载下运行 12000 步时，最大不平衡力和平衡率均低于系统默认值，运算停止系统达到平衡状态。分别在梁峁顶和梁峁坡上部、下部和沟坡中部各典型位置选取多个监测点（图 5.16 中只列出代表性的 4 点），观察其位移变化规律以监测流域重力侵蚀发育情况。由图 5.16 各位置监测点位移曲线可以看出，各点的位移变化规律相同，随着运算时步的继续，位移先增大至最高点，然后缓慢降低至某一值后基本维持不变。根据位移曲线变化规律，将位移从开始至最高点阶段定义为发育期，从最高点降至稳定值阶段定义为成熟期，从稳定值至平衡阶段定义为稳定期，从而将流域重力侵蚀划分为发育期、成熟期和稳定期 3 个阶段。针对流域模型不同空间部位侵蚀强度及其与所处发育时段的关系规律，在小流域水土流失综合治理的实际工作中，可确定重点治理区域，为小流域侵蚀产沙的预报、流域各部位侵蚀强度、发育阶段动态变化特征的研究提供一定的依据，推动流域侵蚀产沙时空规律研究的深入发展。

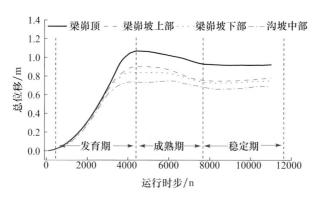

图 5.16　小流域监测点位移曲线

5.3.4　小流域位移场分布模拟

　　系统达到平衡时，FLAC3D 自动计算出处于平衡状态时模型各个方向位移的大小及其分布规律，如图 5.17～图 5.20 所示，图 5.17 为小流域整体位移分布图，图 5.18～图 5.20 依次为铅垂方向、水平方向和纵向方向的位移分布图。从总体位移分布图来看，位移最大的部分均集中在梁峁顶和梁峁坡上部；铅垂方向位移分布图与总体位移分布图相似，数值相近，且最大铅垂位移也出现在梁峁顶和梁峁坡上部，这表明小流域上部位移是以"沉降"模式为主，而最大水平位移基本呈现对称状态出现在沟坡中下部的凹陷地带，并以此为中心，水平位移呈"同心

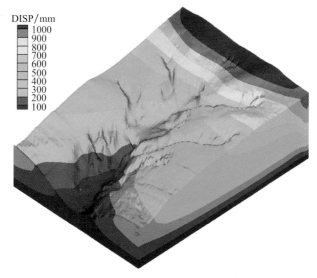

图 5.17　小流域整体位移分布图

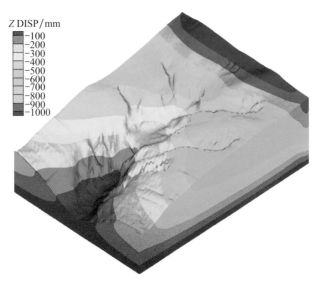

图 5.18　小流域铅垂方向位移分布图

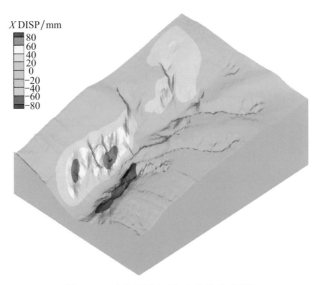

图 5.19　小流域水平方向位移分布图

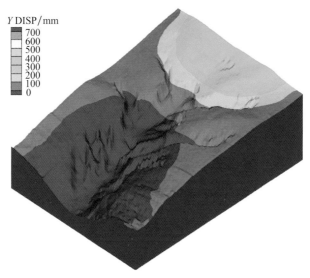

图 5.20　小流域纵向方向位移分布图

圆"状逐渐减小，向四周扩散。而流域其他部位的水平位移很小，基本为零，这
表明相对于其他位置，沟坡处以水平方向变形突出，会朝沟底方向滑动，但水平
方向的位移相对较小；纵向位移主要在梁峁顶和梁峁坡处较大，在坡沟底处位移
基本为零，说明整个流域上部仍以"沉降"模式为主，流域下部沟坡处以"剪
切"模式为主。

　　小流域坡面切片示意图如图 5.21 所示，分别沿 X 轴 Y 轴方向在 X=110m、

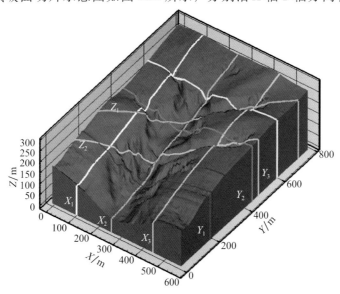

图 5.21　小流域坡面切面示意图

265m、450m 和 Y=223m、432m、585m，以及斜面方向 Y=（170m，490m）、（305m，740m）切出 8 个典型剖面。由于篇幅有限，图 5.22 仅列出 X=245m、Y=180m 与 Y=（305m，740m）的位移等值线矢量（分布）图，其他剖面情况与其规律相同。由位移矢量图可以看出，整个流域的位移矢量基本为垂直向下，验证了整个坡沟系统是以"沉降"模式为主的结论；并且在梁峁顶和梁峁坡处位移矢量相当密集，这表明重力侵蚀比较严重的地方多发生在梁峁顶和梁峁坡处，沟坡处的位移矢量有些呈现水平运动，表现出一些"剪切"的趋势，但幅度较小。各位移等值线形态表现为在边坡中上部呈半封闭状，都与坡面相交，且等值线拐点与坡面的距离较远；在下部则表现为与边坡底部近乎平行，在近坡面处突然上

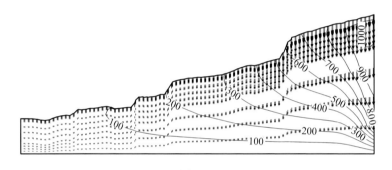

（a）X=265m

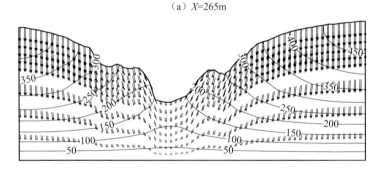

（b）Y=223m

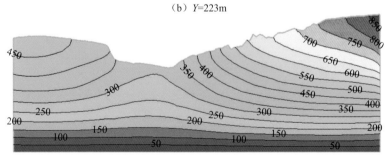

（c）Y=（305m，740m）

图 5.22　小流域各剖面位移矢量及等值线图

翘。这表明该流域不可能发生从其中上部剪出的浅层圆弧形破坏，而是发生从坡趾剪出的深层圆弧形破坏。依此可以确定沟头溯源区是小流域侵蚀最强烈的部位，流域上部成为整个流域的主要侵蚀部位，在配置坡面水土保持工程措施和生物措施的时候要有针对性地进行重点防护，使小流域的土壤侵蚀降低到最低限度。

5.3.5　小流域应力场分布模拟

采用 FLAC3D 软件计算出流域模型达到平衡状态时的应力大小及其分布规律，如图 5.23 和图 5.24 所示。图 5.23 和图 5.24 分别为小流域第一主应力和第三主应力分布图（FLAC3D 中以拉应力为正，压应力为负，故以绝对值的大小判定第一主应力和第三主应力）。从流域应力分布图来看，未出现拉应力区，基本上以压应力为主，即若发生破坏，是以"压 - 剪"破坏模式为主。主应力等值线平滑，几乎相互平行，很少出现突变，仅在岩土体分界面附近区域和坡脚区域产生不甚明显的应力集中效应，这表明凹形的边坡整体几何形态有效降低了边坡的应力集中程度。

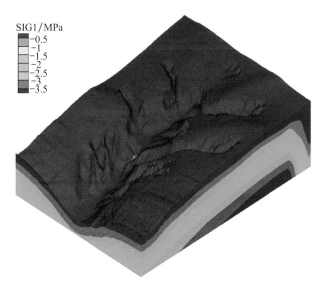

图 5.23　小流域第一应力分布图

由应力分布图可以看出，最大主应力（压应力），基本顺着坡面方向，并一直延伸到坡脚，这对边坡稳定性不利。而往边坡内部，最大主应力方向与水平轴的夹角逐步变大，直至铅直；岩土分界面的存在使得其附近区域的最大主应力方向要比其他区域最大主应力方向的变化大，而且迅速得多，但并未影响主应力分布的总体走势。这些都表明边坡深部土体主要受铅垂方向的压应力作用，体现为受压屈服。

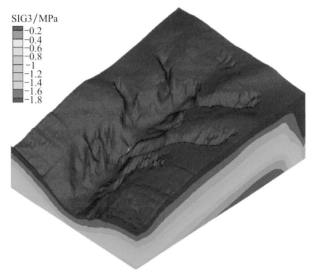

图 5.24　小流域第三应力分布图

5.3.6　小流域塑性区分布模拟

图 5.25 为小流域单元塑性状态指示图，图中为在只获得平衡状态下，现在的（now）剪切屈服区域（shear-n）和现在的张拉屈服区域（tension-n），以观察屈服区域对流域的破坏程度。

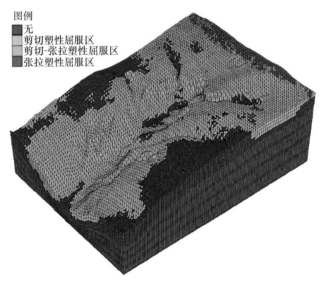

图 5.25　小流域塑性状态分布

图 5.25 为小流域的剪切屈服区域和张拉屈服区域分布图。可以看出，小流域的屈服区域中，剪切塑性屈服区域和张拉塑性屈服区域的分布规律与坡沟系统类似，但分布明显多于坡沟系统。张拉塑性屈服区域主要分布在梁峁顶和梁峁坡上部，且分布面积较大，已连成片，说明梁峁顶和梁峁坡上部发生张拉破坏的可能性较大，破坏程度较为严重；剪切塑性屈服区域分布范围较广，多分布于坡面和沟坡大部分区域，这些区域很容易发生水平剪切变形，且破坏程度较为严重。通过 FISH 语言编程，对模型塑性屈服区域体积进行计算，结果见表 5.4。可以看出，流域内塑性区多以剪切塑性区为主，占全部屈服区体积的 99.5%，张拉塑性屈服区仅占 0.5%，说明流域主要以剪切破坏的塑性屈服模式为主。

表 5.4　小流域塑性区体积分布情况

塑性状态	剪切塑性屈服区	张拉塑性屈服区	合计
体积 /m³	1.52×10^7	7.34×10^4	1.53×10^7

从塑性区分布来看，它们均处于边坡坡面的浅层区域，在整个小流域中只有部分位置出现塑性区贯穿坡体的情况，这表明流域内部土体处于正常状态。但土体浅层区域的破坏也不容忽视，一旦出现塑性区贯穿坡体的情况，则会有发生浅层滑动的趋势。仍需要强调，计算结果显示的是以 Mohr-Coulomb 屈服准则为依据的塑性区分布情况，该屈服准则认为材料进入屈服即破坏，事实上土体材料进入屈服并不意味着破坏，它在一定程度上还可以在硬化状态下继续工作，因而边坡实际的稳定性状态要比计算结果显示的要好一些。

5.3.7　Rosenblueth矩估计方法计算

5.3.7.1　土体物理力学指标及差异性

岩土体强度参数的选取以边坡工程经验、现场资料分析、现场及室内岩土物理力学试验为依据。在本研究中马兰黄土抗剪强度参数 c 和 φ 变异性显著，为随机变量，其均值参照相关研究经验进行了折减和取整，方差保持不变；其他参数变异性很小，做常量处理，岩土体物理力学参数具体取值见表 5.5。

表 5.5　小流域地质参数及其差异性

土层类型	体积模量 K/MPa	剪切模量 G/MPa	黏聚力 c/kPa 均值	黏聚力 c/kPa 标准差	内摩擦角 φ/(°) 均值	内摩擦角 φ/(°) 标准差	密度 ρ/(kg/m³)
马兰黄土	417	149	23	13.23	21.9	7.12	1.56
离石黄土	588	226	37	—	26.5	—	1.78

5.3.7.2　计算结果

本书中流域的安全系数（状态函数）F 除为常量外，还是随机变量 c 和 φ 的函数，即

$$Z = F(x_1, x_2) = F(c, \varphi) \tag{5.28}$$

因为 c，φ 是正态随机变量，而状态函数 $Z=F(c, \varphi)$ 是 c，φ 的隐函数，所以 F 也是随机变量，其实质是抗滑力（矩）与下滑力（矩）的比值（R/S）。由迭代计算便得到流域的安全系数。由于所考虑的随机变量仅为 c，φ 两个变量，所以可得到 F 的 4 个函数为

$$F_{S1(++)} = F(\mu_C + \sigma_C, \mu_\phi + \sigma_\phi) \quad F_{S2(+-)} = F(\mu_C + \sigma_C, \mu_\phi - \sigma_\phi)$$

$$F_{S3(-+)} = F(\mu_C - \sigma_C, \mu_\phi + \sigma_\phi) \quad F_{S4(--)} = F(\mu_C - \sigma_C, \mu_\phi - \sigma_\phi)$$

在 FLAC3D 中采用强度折减法求得上述 4 种组合情况下的安全系数：

$$F_{S1(++)} = 1.63 \quad F_{S2(+-)} = 1.32 \quad F_{S3(-+)} = 1.09 \quad F_{S4(--)} = 0.86$$

根据上述计算结果，假定土体抗剪强度参数相互独立，即相关系数 $\rho = 0$，采用 Rosenblueth 法得到的计算结果汇总于表 5.6 中。

表 5.6　安全储备统计参数

相关系数 σ	安全系数值 FOS	安全系数平均值 $\overline{\text{FOS}}$	安全储备标准差 σ_{Ms}	可靠度指标 β	破坏概率 p_f
0	1.229	1.225	0.285	0.791	21.5%

由 Rosenblueth 法求得的边坡均值安全系数（为 1.225）与采用状态变量均值计算出来的安全系数（为 1.229）非常接近，证明本次采用强度折减法与 Rosenblueth 法耦合进行三维空间流域总体可靠度计算成功，结果可信。

由可靠度计算结果可以看出，流域重力侵蚀处于破坏概率范畴之内，说明该流域处于不可接受的风险水平，重力侵蚀程度剧烈且发生概率较高，需采取适当的工程措施以提高其稳定性。可靠度分析表明该流域风险较高，与数值分析结论有一定差异，但并不矛盾，这是由两种方法考虑问题的角度不同、关注的重点不同造成的。同时也说明采用单一指标评判边坡稳定性有失偏颇，有可能造成错误的工程判断。

5.4　淤地坝对小流域重力侵蚀的调控作用

5.4.1　淤地坝小流域有限元计算模型

5.2 节中探讨了淤地坝抬高对坡沟系统稳定性的影响，并且对坡沟系统和小流域重力侵蚀位移场、应力场和塑性区域分布规律展开了研究。在此基础上，本

节研究淤地坝建设对小流域重力侵蚀的影响。在建立小流域模型的基础上，依然采用复杂地形的 FLAC3D 建模方法，建立带有淤地坝的小流域有限元模型。

图 5.26 为采用 Surfer 软件绘制的带有淤地坝的小流域地形地貌图，图 5.27 为带有淤地坝的小流域概化模型。计算模型除坡面设为自由边界外，模型底部（$z=0$）设为固定约束边界，模型四周设为单向边界。概化模型土层从上到下分别为马兰黄土（Q_3^{eol}）和离石黄土（Q_2^{eol}），其土层平均厚度分别为 50m 和 150m，X 方向长为 580m，Y 方向长为 760m，Z 方向高为 290m。该模型有限元网格共有节点 50895 个，单元 88064 个，每个单元长为 9m。为使模型具有可比性，该模型的土体分类、物理参数、节点数、单元数、单元及模型的尺寸、边界条件均一致，淤地坝坝长和坝宽皆为 80m，坝高设为 35m，其中，淤地坝坝前设为单向边界。

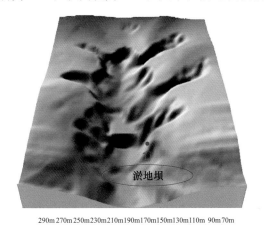

290m 270m 250m 230m 210m 190m 170m 150m 130m 110m 90m 70m

图 5.26　带有淤地坝的小流域地形地貌图

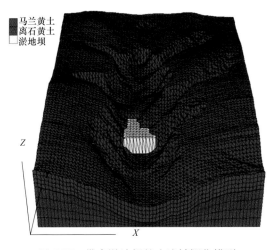

图 5.27　带有淤地坝的小流域概化模型

5.4.2　淤地坝对位移场分布调控作用

　　图 5.28～图 5.31 为带有淤地坝小流域各方向位移分布图，图 5.28 为小流域整体位移分布图，图 5.29～图 5.31 依次为铅垂方向、水平方向和纵向方向位移分布图。带有淤地坝的小流域，各方向的位移分布规律皆与没有淤地坝时基本一致，数值相近。整个流域上部仍以"沉降"模式为主，最大铅垂位移出现在梁峁

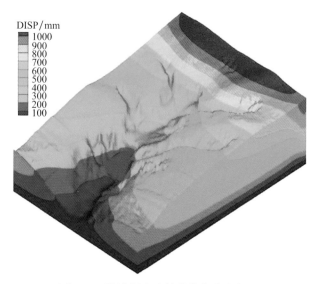

图 5.28　淤地坝小流域整体位移分布图

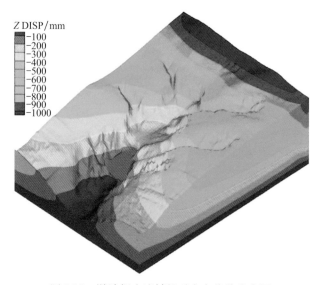

图 5.29　淤地坝小流域铅垂方向位移分布图

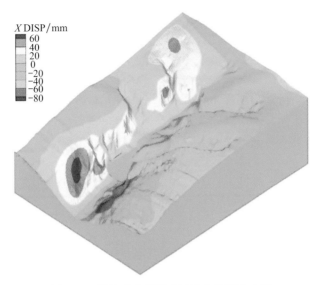

图 5.30　淤地坝小流域水平方向位移分布图

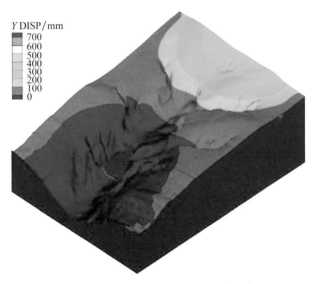

图 5.31　淤地坝小流域纵向方向位移分布图

顶和梁峁坡上部，最大水平位移基本呈对称状态出现在沟坡中下部的凹陷地带，并以此为中心，水平位移呈"同心圆"状逐渐减小，向四周扩散，以"剪切"模式为主。

　　对照图 5.17 和图 5.19 可以看出，淤地坝的建成虽然增加了顺沟口方向的河道比降，但仍然可以使坝地上下游附近区域整体位移和铅垂方向位移有所减小，小位移范围增大；并且减少了水平方向的河道比降，使出现在沟坡中下部凹陷地带的两侧最大水平位移进一步减小，减小幅度达 25%。

　　由位移矢量图 5.32 可以看出，加入淤地坝后，整个流域的位移矢量规律依然垂直向下，在梁峁顶和梁峁坡处位移矢量相当密集，重力侵蚀比较严重的地方多发生在梁峁顶和梁峁坡处。建坝后，坝址区域、上下游区域及坝址两侧的沟坡中下部凹陷地带的位移矢量均小幅度变稀变短，小位移矢量分布增多，且水平方向的"剪切"趋势已经有所减缓，说明淤地坝建设可以使得流域内、坝址上下游以及左右两侧的重力侵蚀得到一定程度的缓解，但幅度较小。

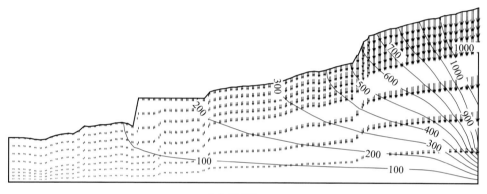

（a）X=265m

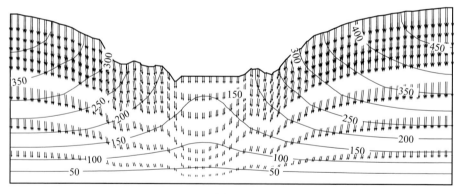

（b）Y=223m

图 5.32　淤地坝流域各剖面位移矢量及等值线图

5.4.3　淤地坝对应力场分布调控作用

　　图 5.33 和图 5.34 分别为带有淤地坝的小流域第一主应力和第三主应力图（FLAC3D 中以拉应力为正，压应力为负，故以绝对值的大小判定第一主应力和第三主应力）。

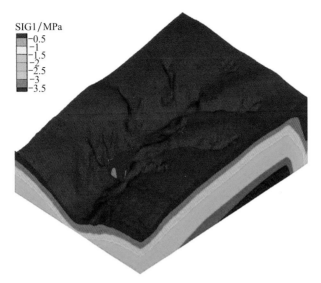

图 5.33　淤地坝小流域第一应力分布图

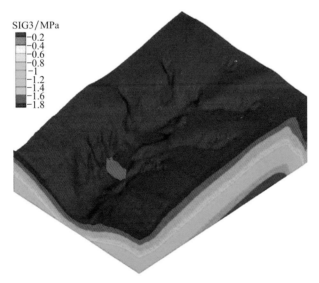

图 5.34　淤地坝小流域第三应力分布图

　　从应力分布图来看，建有淤地坝后，流域应力分布规律不变，数值基本一致。流域未出现拉应力区，基本上以压应力为主，主应力等值线平滑，仅在岩土体分界面附近区域和坡脚区域产生不甚明显的应力集中效应，边坡深部土体主要受铅垂方向的压应力作用，体现为受压屈服。由于淤地坝建成后，流域内河道比降发生改变，使得凹形的边坡整体几何形态有所增加，坝址处主应力、最大受压屈服区体积有所减少，降低了边坡的应力集中程度，可以在一定程度上减缓重力侵蚀的发生。

5.4.4　淤地坝对塑性区分布调控作用

图 5.35 为有无淤地坝的小流域剪切塑性屈服区和张拉塑性屈服区分布图。可以看出，带有淤地坝小流域的屈服区域中，剪切塑性屈服区和张拉塑性屈服区的分布规律与流域类似。张拉塑性屈服区主要分布在梁峁顶和梁峁坡上部，且分布面积较大，梁峁顶和梁峁坡上部发生张拉破坏的可能性较大，破坏程度较为严重；剪切塑性屈服区分布范围较广，多分布于坡面和沟坡大部分区域，这些区域很容易发生水平剪切变形，且破坏程度较为严重。从塑性区分布来看，均处于边坡坡面的浅层区域，在整个小流域中只有部分位置出现塑性区贯穿坡体的情况，流域内部土体处于正常状态。由于淤地坝建成后，淤地坝将原来贯穿坡面的浅层剪切塑性屈服区打断，并且使得坝址两侧沟坡中下部凹陷地带的剪切塑性屈服区体积减小，坝址处以及淤地坝附近上下游区域已不在屈服区范围，不会对流域产生破坏作用，从而减缓了该剪切区域对流域的破坏程度。

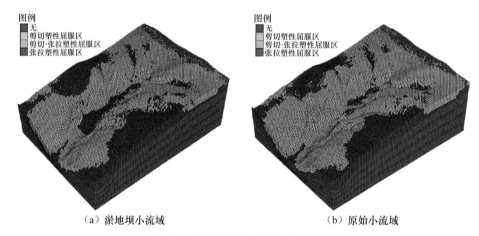

（a）淤地坝小流域　　　　　　　　　　　（b）原始小流域

图 5.35　淤地坝小流域塑性状态分布

表 5.7　有无淤地坝的小流域塑性区体积

塑性状态	塑性屈服区体积 /m³	
	原始小流域	淤地坝小流域
剪切塑性屈服区	1.52×10^{7}	1.35×10^{7}
张拉塑性屈服区	7.34×10^{4}	6.26×10^{4}
合计	1.53×10^{7}	1.36×10^{7}

采用 FISH 语言对模型塑性屈服区体积进行计算，结果见表 5.7。可以看出淤地坝建成后，张拉塑性屈服区和剪切塑性屈服区的体积都有一定程度的减小，

张拉塑性屈服区减小 11.2%，剪切塑性屈服区减小 14.7%，流域内的塑性区多以剪切塑性区为主，占全部屈服区体积的 99.5%，流域的重力侵蚀塑性屈服模式依然以剪切破坏形式为主。

　　综合以上分析可知，带有单个淤地坝小流域的位移场、应力场、塑性屈服区分布规律均与未建淤地坝时的分布规律一致。淤地坝的建成虽然增加了河道比降，但也增加了流域凹形边坡的整体几何形态，使得最大受压屈服区的体积进一步减小，降低了边坡的应力集中程度，从而减少了坝址处、坝址区域附近上下游以及坝体两侧的沟坡中下部凹陷地带的位移，增加了小位移的稀疏程度和分布区域；并且淤地坝将原来贯穿坡面的浅层剪切塑性屈服区域打断，坝址两侧沟坡中下部凹陷地带的剪切塑性屈服区体积减小，减缓了剪切区域对流域的破坏程度；这些规律都反映出淤地坝的建设在一定程度上减缓了流域重力侵蚀的破坏。需要指出的是，单个淤地坝对于减缓流域重力侵蚀的能力是有限的，仅在坝址处和坝址附近发挥作用，不会影响整个流域的重力侵蚀分布规律，流域的塑性屈服模式依然以剪切破坏形式为主，如果在流域关键位置进行科学、合理的坝系规划，则会进一步减缓流域重力侵蚀的破坏程度。

5.5　植被对重力侵蚀的调控作用

　　土壤侵蚀是土壤在诸如流水、风力等外营力作用下发生的被剥蚀和迁移的过程。土壤抗侵蚀性划分为抗蚀性和抗冲性能：抗蚀性是指土壤抵抗水分分散和悬浮的能力，主要与土壤的内在物理化学性质有关；抗冲性是指土壤抵抗径流机械破坏和推移的能力，主要与土壤的物理性质和外在的生物因素有关。植被通过改善土壤的自然侵蚀环境提高土壤的抗侵蚀能力，主要通过地上部分冠层截流和枯枝落叶层的涵水作用，地下根系的稳定土壤结构、增强土壤抗冲性、提高土壤的抗剪强度、提高土壤的渗透性能等方面减少土壤侵蚀。植物地上部分冠层可以截流降雨的 15%～30%，减小了径流量和径流速度，减小了地面降雨强度；枯枝落叶层可减小径流速度，增加土壤有机质含量，改善土壤结构。植物根系在固土护坡、防止土壤侵蚀方面具有重要的作用，从生态系统的角度看，植物根系不但具有固土护坡和抗侵蚀功能，而且还能与环境之间形成一种良性互动。

　　植被措施是环境保护、植被生态恢复和防止水土流失、土壤侵蚀的重要手段。随着生态环境保护和协调的要求日益提高，越来越多地选择植物方法与传统的岩土工程技术相结合，使得植物护坡工程的理论和实践研究得到了重视。从护坡效应力学机制的视角出发，根土的相互作用机理以及根系对岩土介质加固作用的定量化评价工作还不深入。植物对边坡存在力学效应、水文效应、生物及生态作用，对边坡稳定性影响显著，因此，植物根系对于减缓坡沟系统和小流域的土壤侵蚀研究是一项涉及多学科、多因素的系统课题。本研究从根系固土效应角度出发，采用有限差分数值模拟方法，研究了坡沟系统和小流域条件下，草类植被根系对重力侵蚀分布规律的影响，为坡沟系统和小流域水土保持生物措施的开展提供有益的参考，并为评价坡沟系统和小流域的稳定性提供一定可靠的依据。

5.5.1　植被调控坡沟重力侵蚀的力学原理

　　导致边坡滑坡的因素复杂多变，但其根本原因在于土体内部某个滑动面上的剪应力达到其抗剪强度，使稳定平衡遭到破坏（Zhang et al., 2010；Abe and Ziemer, 1991；Liu et al., 2006；Fan and Su, 2008；Deng et al., 2007）。植物根系加固理论认为在高压力区将剪切压力传递给埋入土壤的植物根系，高压力区有足够的限制力来确保根系牢固，并且将剪应力转化成抗张抵抗力。在低压力区，土壤剪切强度对于普通载荷是足够的，当载荷进一步增加时，土体开始失稳，将多余载荷传递给植物根系，此时植物的剪切强度被充分调动起来。如图 5.36 根系加固影响所示，由于植物根系加固能力逐渐增强，表观黏聚力逐渐增大；根系通过穿透、包络使土体成为一个整体，增加的黏聚力 C_r 主要是增加土体失稳时的剪切强度的主要原因。

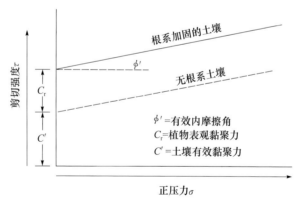

图 5.36　广义根系加固作用

　　图 5.37 为植物根系加固模型，如图所示，草类植被根系提高土体的抗剪强度主要是通过根土接触面的摩擦力把土中的剪应力转换成根的拉应力。草类植被根系不同于乔木植物垂直根的锚固作用，而是依靠土壤与草本侧根系之间的黏合作用所提供的阻力，使侧根对土壤具有牵引效应，增强了根系土层的整体抗张强度。侧根的牵引效应有两个不可缺少的前提：根土摩擦作用和根的抗拉强度，前者是发生在根土界面上的力学作用，有了它，应力才能够在土壤和侧根之间传递，从而形成整体的抗张强度（Abe and Iwamoto, 1988）；而后者直接关系到含

根土体的抗剪强度值的大小。

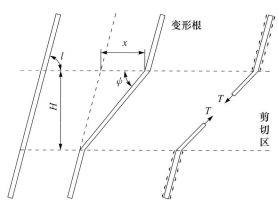

图 5.37　植物根系加固模型

以 Wu 等（1979）提出的根土复合介质抗剪强度的垂直根模型为基础，认为根系与土体之间通过根土黏合键的作用将抗拉强度传递到周围土中（Wu et al.，1988），如图 5.37 所示，由于根系的存在，土体中抗剪强度的增加值 C_r 为

$$C_r = T_r (A_r / A)(\cos\psi \tan\varphi + \sin\varphi) \tag{5.29}$$

式中，T_r 为穿过剪切面所有发挥作用的根系平均抗拉强度；ψ 为剪切区的剪切变形角度；φ 为土的内摩擦角；A_r 为剪切面上所有发挥作用的根系截面面积之和；A 为土体截面积；A_r/A 为剪切面上所有发挥作用的根系截面面积之和与土体截面积之比，称为根系面积比（RAR）。RAR 概念和关系的提出，使得穿越土体的植物根系的剪切强度和抗拉强度得以应用，植物根系加固作用得以量化。

$$RAR = \frac{A_r}{A_w} = \frac{\sum^i n_i a_i}{A_w} \tag{5.30}$$

$$T_r = \sum_1^n T_i n_i A_i / \sum_1^n n_i A \tag{5.31}$$

式中，A_w 为土体中所有根系所占面积；n_i 为植物根系直径第 i 径级的数量；a_i 为第 i 径级的根的平均截面积；T_i 为直径为第 i 径级的根的抗拉强度。

整个土体的抗拉强度相当于在无根系土体的抗剪强度上又增加了一个凝聚力项，若考虑空隙水应力，摩尔-库仑强度准则表达式为

$$\tau = (C' + C_r) + (\sigma - u)\tan\varphi' + (u - \xi)\tan\phi^b \tag{5.32}$$

式中，τ 为土壤剪切强度；C' 为土壤有效黏聚力；C_r 为植物表观黏聚力；σ 为正压力；u 为孔隙水压力；$(\sigma - u)$ 为净法向应力；φ' 为土体有效内摩擦角；ξ 为土壤

吸力（负的孔隙水压力）；ϕ^b 为土壤吸力与孔隙水压力关系角。

　　草类植被根系具有一定的抗拉强度，可视其为边坡土体中的一种带预应力的三维加筋材料，其加筋作用一方面表现为增加了土层的有效黏聚力 C_r，另一方面表现为对土粒的网兜包裹效应，从而限制土体的变形，对边坡土体起到加固作用，提高了土体抗剪强度和边坡稳定性（Nilaweera，1994）。

　　国内外诸多学者对植物根系进行了植物根系分布测试、拉拔测试和剪切测试，取得了一定的研究成果，对黄土高原所在区域的植物根系的力学特性也有诸多研究。考虑到植物总类千差万别，根的直径和生长方向以及生长环境不尽相同，其力学特性相差颇大。目前对植物根系固土机理的认识还不够清楚，大多数学者所提出的诸多根系强化模型中，许多参数无法测量，只能根据经验作出假设。赵丽兵（2008）通过野外剪切测试和模型预测，得出黄土高原丘陵沟壑区四种代表性的草类植被——草木樨、紫花苜蓿、糜子和冰草根系的平均抗拉强度分别为35.30MPa、18.20MPa、48.56MPa 和 122.47MPa；其增大的土壤抗剪切强度值分别为8.81kPa、10.76kPa、15.33kPa、5.23kPa；Gray 和 Sotir（1996）曾在纤维砂土的强度试验中发现，随着土体中的纤维量增加，抗剪强度也随之增大，并指出在剪切面上，纤维截面积所占比例在 0～1.7% 是成立的，而 1.7% 也是自然界中植被根系在所赋存的土体中的根量的上限；张平（2006）对茜草、野艾蒿、益母蒿等植物进行测试得出植物根系的最大抗拉强度可以达到 70 MPa，大部分根系的抗拉强度为 10～40MPa；程洪和张新全（2002）利用试验研究典型草类植被根系抗拉强度大小，香根草 85MPa ＞假俭草 27.3MPa ＞白三叶 24.6MPa ＞莎草 24.5MPa ＞宜安草 19.74MPa ＞百喜草 19.23MPa ＞马尼拉 17.5MPa ＞狗牙根 13.4MPa；张宏波等（2008）在种植香根草之后土的物理力学性质有了明显的改善：黏聚力平均增大 11%；Zhang 等（2010）对黄土高原豆科类植物三类根系的研究表明，根系可以依靠提高黏聚力来增加土壤剪切强度，水平根系增加黏聚力增幅最小为 38%，交叉根系增加黏聚力增幅最大为 155%。本研究针对黄土高原的独有特点，根据前人研究，并结合研究区具体的土体物理力学指标，对植物根系表观黏聚力指标进行选取，最终选取 5kPa 作为草类植被根系的平均表观黏聚力。植被根系层 80%～85% 集中分布在 1.5m 范围内，因此，将根系层厚度 h_R 定为 1.5m。

5.5.2　植被覆盖条件下的坡沟系统、小流域有限元计算模型

　　在坡沟系统模型的基础上建立草被根系坡沟系统有限元模型，如图 5.38 所示。该模型除坡面设为自由边界外，模型底部（$z=0$）设为固定约束边界，模型四周设为单向边界该模型。坡面坡度为 19°、沟坡坡度为 45°。概化模型最上层为草类植被根系层，厚度为 1.5m，土层从上到下分别为马兰黄土（Q_3^{eol}）和离

石黄土（Q_2^{eol}），土层厚度分别为 25m 和 50m，X 方向长为 120m，Y 方向长为 80m，Z 方向高 75m，该模型有限元网格共有节点 5764 个，单元 4864 个。

在小流域模型建立的基础上，依然采用复杂地形的 FLAC3D 建模方法，建立有草类植被根系的三层地形植被小流域概化模型，如图 5.39 所示。该模型除坡面设为自由边界外，模型底部（$z=0$）设为固定约束边界，模型四周设为单向边界。概化模型土层从上到下分别为植被根系层、马兰黄土（Q_3^{eol}）和离石黄土（Q_2^{eol}），其草被根系层为 1.5m，土层平均厚度分别为 48m 和 150m，X 方向长为 580m，Y 方向长为 760m，Z 方向高 290m。坡面坡度主要在 10°～35°，该模型有限元网格共有节点 73515 个，单元 132096 个，每个单元长为 9m。

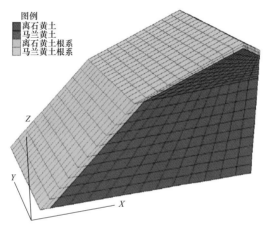

图 5.38　带有植被的坡沟系统有限元计算模型

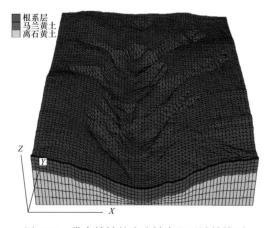

图 5.39　带有植被的小流域有限元计算模型

5.5.3　植被对坡沟系统重力侵蚀的调控作用

5.5.3.1　植被对位移场分布的调控作用

图 5.40、图 5.41 分别为带有植被的坡沟系统铅垂位移分布图和水平位移分布图。由位移分布图可以看出,各方向的位移分布规律皆和无植被覆盖时基本一致,整个坡沟系统的上部位移依然以"沉降"模式为主,最大铅垂位移出现在梁峁顶和梁峁坡上部;最大水平位移则出现在沟坡中下部,会朝沟底方向滑动,以"剪切"模式为主。对照图 5.8、图 5.9 可以看出,由于植被固坡的作用,虽然位移场分布规律一致,但大位移分布范围明显减少,小位移分布范围明显增加,说明由于植被的加固,坡沟系统位移已有所减小,尤其在梁峁顶和沟坡中下部铅垂和水平方向位移减小更为明显。

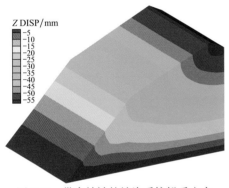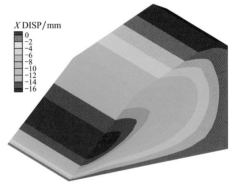

图 5.40　带有植被的坡沟系统铅垂方向　　　　图 5.41　带有植被的坡沟系统水平方向
　　　　　　位移分布图　　　　　　　　　　　　　　　位移分布图

在有无植被的情况下,分别在梁峁顶、峁边线和沟坡中部设置监测点,观察坡沟系统位移变化情况。图 5.42 点绘了各点铅垂方向和水平方向的位移曲线,可以看出,有无植被时,位移变化规律一致,随着运行时步的增加,各点两个方向的位移均有所增大(负方向),梁峁顶铅垂方向位移最大,水平方向位移最小,而沟坡中部铅垂方向位移最小,水平方向位移最大。有植被与无植被情况相比,各监测位置处位移均有一定程度减小,其中,沟坡中下部最大水平位移减小 3.24mm,减小幅度为 15%,梁峁顶处最大铅垂位移减小 1.35mm,减小幅度为 2.5%。

由有无植被的坡沟系统整体位移矢量图 5.43 可以看出,两种状态时的位移矢量规律基本一致,梁峁顶和梁峁坡处位移矢量相当密集,表明重力侵蚀较严重的地方多发生在梁峁顶和梁峁坡处,沟坡处的位移矢量有些呈现水平运动,表现出一些"剪切"趋势,但幅度较小。有植被植入时,坡沟系统安全系数由 1.04

增加到 1.05，增幅较小；梁峁顶和梁峁坡处位移矢量变化不大，稍有变疏，沟坡处的位移矢量均小幅度变稀变短，小位移矢量分布增多，说明水平方向的"剪切"趋势已有所减缓。由图中的等值线可以看出，深层土体等值线无明显变化，而坡面浅层土体处的等值线已有明显"上翘"趋势，小位移范围增大，这种趋势在沟坡处更为明显。说明由于植被加固作用，坡沟系统的整体安全性有轻微幅度提高，可以明显减少坡面浅层土体位移。

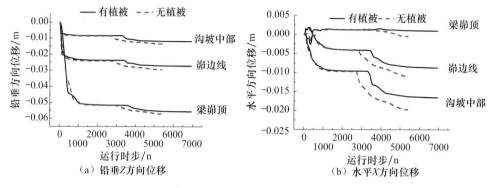

图 5.42　有无植被的坡沟系统各监测点位移曲线

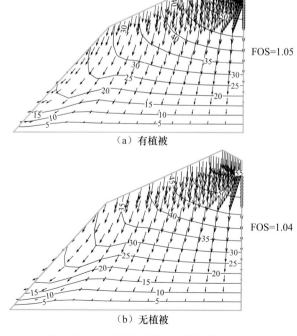

图 5.43　有无植被的坡沟系统位移矢量图

5.5.3.2　植被对应力场分布调控作用

图 5.44、图 5.45 分别为带有植被的坡沟系统第一主应力和第三主应力分布图（FLAC3D 中以拉应力为正，压应力为负，故以绝对值的大小判定第一主应力和第三主应力）。

从应力分布图来看，植入植被后，坡沟系统应力分布规律不变，数值基本一致。边坡未出现拉应力区，基本上以压应力为主，最大主应力（压应力）等值线平滑且相互平行，基本顺坡面方向一直延伸，很少出现突变，边坡深部土体主要受铅垂方向的压应力作用，体现为受压屈服。植被覆盖坡面时，深层土体应力分布和大小无明显变化，而浅层土体应力已有所减小，小应力分布范围增大，且应力分布方向更加平顺于坡面，没有出现突变，坡面土体更加稳定。说明根系分担了土体的部分应力，并通过应力扩散作用传递到周围土体，起到弱化根系层应力的作用，增强了根系对土体的分担作用，减小应力集中程度，对控制边坡的变形和提高边坡的稳定性有利。

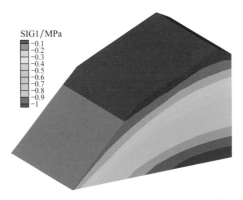

图 5.44　带有植被的坡沟系统第一应力分布图

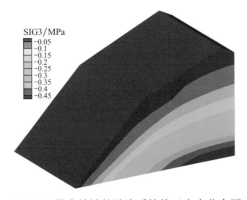

图 5.45　带有植被的坡沟系统第三应力分布图

5.5.3.3　植被对塑性区分布的调控作用

图 5.46 为带有植被的坡沟系统剪切塑性屈服区和张拉塑性屈服区分布图。可以看出，带有植被坡沟系统的屈服区域中，剪切塑性屈服区域依然主要分布在沟坡中下部，即若发生破坏，此处会以水平剪切形式体现，且该区域的剪切塑性屈服体积有一定程度的减少，而深层土体的剪切塑性屈服体积没有变化；张拉塑性屈服区分布在梁峁顶和梁峁坡上部，由于植被的加固，张拉塑性屈服区域体积大幅度减小，仅在梁峁坡上部零星出现，未连成片，说明张拉破坏程度已经大幅度减弱，边坡发生张拉破坏的可能性很小。从整个塑性区分布来看，它们均处于边坡坡面的浅层区域，并未出现塑性区贯穿坡体的情况，这表明边坡内部土体处于正常状态。

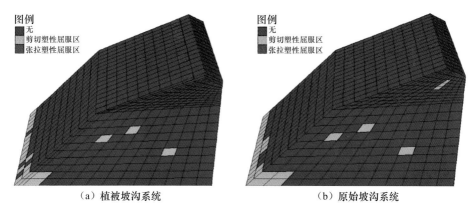

（a）植被坡沟系统　　　　　　　　　　　　（b）原始坡沟系统

图 5.46　带有植被的坡沟系统塑性状态分布

采用 FISH 语言对模型塑性屈服区域的体积进行计算，对原始坡沟系统、淤地坝坡沟系统和植被坡沟系统三种情况下，坡沟系统塑性屈服区域体积进行计算，结果见表 5.8。可以看出，当有淤地坝或植被覆盖时，剪切塑性屈服区体积和张拉塑性屈服区体积均有一定程度减少，剪切塑性区体积减小量分别为 2900m³ 和 2100m³，张拉塑性区体积减小量为 2686m³ 和 2276m³，但均未改变坡沟系统的破坏方式，三种情况下剪切塑性屈服区的体积均占全部屈服区体积的绝大部分，重力侵蚀塑性屈服模式均以剪切破坏模式为主。

表 5.8　有无植被、淤地坝的坡沟系统塑性区体积

塑性状态	塑性屈服区体积 /m³		
	原始坡沟系统	淤地坝坡沟系统	植被坡沟系统
剪切塑性屈服区	1.83×10^4	1.54×10^4	1.62×10^4
张拉塑性屈服区	2.71×10^3	2.41×10^1	4.34×10^2
合计	2.10×10^4	1.54×10^4	1.66×10^4

5.5.4 植被对小流域重力侵蚀的调控作用

5.5.4.1 植被对位移场分布的调控作用

图 5.47 和图 5.48 分别为带有植被的小流域铅垂位移分布图和水平位移分布图。从图中可以看出，各方向的位移分布规律皆和无植被覆盖时基本一致，整个

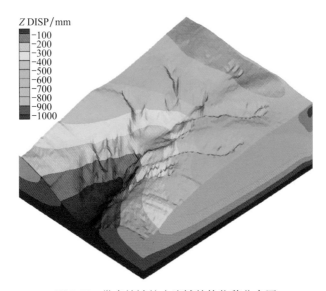

图 5.47　带有植被的小流域整体位移分布图

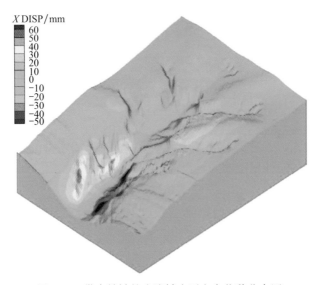

图 5.48　带有植被的小流域水平方向位移分布图

小流域上部位移依然是以"沉降"模式为主，最大铅垂位移出现在梁峁顶和梁峁坡上部；最大水平位移基本呈现对称状态出现在沟坡中下部的凹陷地带，并以此为中心，水平位移呈"同心圆"状逐渐减小，向四周扩散，会朝沟底方向滑动，以"剪切"模式为主。对照图 5.18 和图 5.19 可以看出，由于植被固坡的作用，虽然位移场分布规律一致，但梁峁顶和梁峁坡上部铅垂方向大位移分布范围明显减少，小位移分布范围明显增加，沟坡中下部水平方向的位移也明显减小。

对照图中等值线可以看出，深层土体等值线无明显变化，而坡面浅层土体处的等值线已有明显"上翘"趋势，小位移范围增大，这种趋势在沟坡处更为明显。说明由于植被加固作用，小流域的整体安全性有轻微幅度提高，可以明显减少浅层土体位移。

在有无植被的情况下，分别在梁峁顶、峁边线及沟坡中部设置监测点，观察小流域位移变化情况。图 5.49 点绘了各点整体曲线，可以看出，有无植被时，位移变化规律基本一致，随着运行时步的增加，各点整体方向的位移均有所增大，且梁峁顶处整体位移最大，沟坡中部处整体位移最小。有植被与无植被情况相比，各监测位置处位移均有一定程度减小，其中，梁峁顶处位移减小 0.09m，减小幅度为 9.8%，沟坡中下部位移减小 0.023m，减小幅度为 11%。

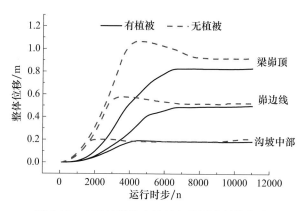

图 5.49 有无植被的小流域各监测点整体位移

5.5.4.2 植被对应力场分布调控作用

图 5.50 和图 5.51 分别为带有植被的小流域第一主应力和第三主应力分布图（FLAC3D 中以拉应力为正，压应力为负，故以绝对值的大小判定第一主应力和第三主应力）。

从应力分布图来看，当植入植被后，小流域应力分布规律不变，数值基本一致。流域内未出现拉应力区，基本上以压应力为主，最大主应力（压应力）等值线平滑且相互平行，仅在岩土体分界面附近区域和坡脚区域产生不甚明显的应力

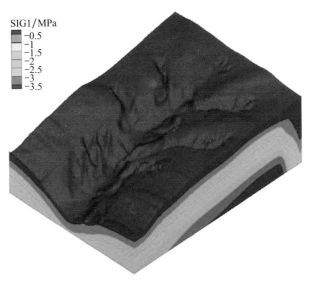

图 5.50　带有植被的小流域第一应力分布图

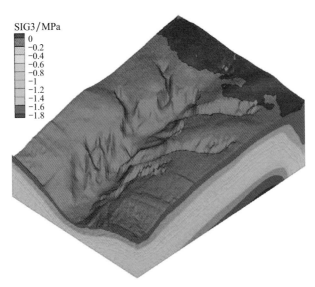

图 5.51　带有植被的小流域第三应力分布图

集中效应，边坡深部土体主要受铅垂方向的压应力作用，体现为受压屈服。植被覆盖坡面时，深层土体应力分布及大小无明显变化，而浅层土体应力已有所减小，小应力分布范围增大，尤其在梁峁顶处十分明显，且梁峁顶处于下部土体，最大主应力方向与水平轴的夹角略有减小，坡面土体更加稳定。说明根系分担了土体的部分应力，并通过应力扩散作用传递到周围土体，起到弱化根系层应力的作用，增强了根系对土体的分担作用，减小应力集中程度，对控制边坡的变形和提高边坡的稳定性有利。

5.5.4.3　植被对塑性区分布的调控作用

图 5.52 为有无植被的小流域的剪切塑性屈服区域和张拉塑性屈服区域分布图。可以看出，带有植被小流域的屈服区域中，剪切塑性屈服区域和张拉塑性屈服区域的分布规律与原始小流域类似。塑性区分布均处于边坡坡面的浅层区域，整个小流域中只有部分位置出现塑性区贯穿坡体的情况，流域内部土体处于正常状态。原先分布于梁峁顶和梁峁坡上部的张拉塑性屈服区域和分布于坡面与沟坡大部分区域的剪切塑性屈服区域，由于植被加固作用，塑性屈服区域已被打断，不再贯穿坡面的浅层，仅零星出现，未连成片，屈服区体积已大幅减少，从而减缓了剪切区域对流域的破坏程度。减蚀效果明显。

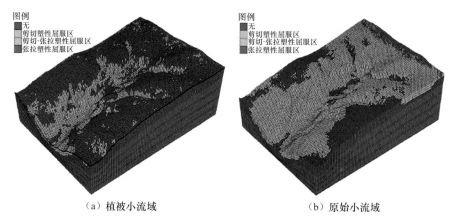

（a）植被小流域　　　　　　　　　　　（b）原始小流域

图 5.52　带有植被的小流域塑性状态分布

采用 FISH 语言对模型塑性屈服区体积进行计算，对原始小流域、淤地坝小流域和植被小流域三种情况下，小流域塑性屈服区体积进行计算，结果见表 5.9。可以看出，当有淤地坝或植被覆盖时，剪切塑性屈服区体积和张拉塑性屈服区体积均有一定程度减少，剪切塑性区体积减小量分别为 $1.7 \times 10^6 \mathrm{m}^3$ 和 $6.98 \times 10^6 \mathrm{m}^3$，张拉塑性区体积减小量为 $10800 \mathrm{m}^3$ 和 $36800 \mathrm{m}^3$，但均未改变小流域的破坏方式，三种情况下剪切塑性屈服区的体积均占全部屈服区体积的绝大部分，重力侵蚀塑性屈服模式均以剪切破坏模式为主。

对比表 5.8 与表 5.9 可以发现，坡沟系统和小流域重力侵蚀的塑性屈服模式皆以剪切破坏形式为主，当建设淤地坝或植入植被时，并未改变重力侵蚀进入屈服的破坏模式，但淤地坝和植被作用都可以使剪切塑性屈服区体积和张拉塑性屈服区体积有一定程度的减少。需要指出的是，在坡沟系统中，淤地坝减缓重力侵蚀的作用比植被强，而在小流域中则刚好相反，植被减缓重力侵蚀的作用比淤地坝强。综合分析可知，单个淤地坝的减缓重力侵蚀作用范围有限，对于坡沟系统来说，基本处于淤地坝作用范围内，因此，减缓重力侵蚀效果较好；对于流域来说，淤地坝仅对坝址处以及坝址附近区域发挥作用，减缓重力侵蚀效果一般。植被根系通过改善浅层土体的应力分布，从而改变位移场、塑性区分布，以达到减缓重力侵蚀的作用，对于坡沟系统来说，表层土体体积较小，植被的减缓重力侵蚀作用有限，因此效果一般；对于流域来说，整个流域的表层土体皆被植被覆盖，其减缓重力侵蚀作用得以大大增强，减缓重力侵蚀效果较好。

表 5.9　有无植被、淤地坝的小流域塑性区体积

塑性状态	塑性屈服区体积 /m³		
	原始小流域	淤地坝小流域	植被小流域
剪切塑性屈服区	1.52×10^7	1.35×10^7	8.22×10^6
张拉塑性屈服区	7.34×10^4	6.26×10^4	3.66×10^4
合计	1.53×10^7	1.36×10^7	8.26×10^6

总的来说，对于淤地坝而言，在流域关键位置进行科学、合理的坝系规划，建立好合理的坝控流域，会进一步减缓流域重力侵蚀的破坏程度，而对于植被根系而言，在边坡顶部和底部适当种植合理的植被可以改善边坡顶部拉应力区分布范围和边坡底部剪应力区范围，以达到减缓坡沟系统重力侵蚀的破坏程度。

5.6　小　　结

重力侵蚀是黄土沟壑区土壤侵蚀的重要组成部分，其发生条件和侵蚀量受多种因素制约，且具有一定随机性。本章以土壤侵蚀学、土力学、生物学等学科为基础，建立了坡沟系统及复杂地形的小流域概化模型，采用有限差分 FLAC3D 数值模拟方法，对重力侵蚀破坏机理、破坏部位进行研究，对工程措施和生物措施的减缓重力侵蚀机理进行探索。小结如下。

（1）随侵蚀基准面逐渐抬升，坡沟系统趋于稳定，重力侵蚀发生程度得到减缓；坡沟系统中最大位移、安全系数及滑塌概率的变化情况皆满足指数函数分布规律，拟合方程精度较高，可用于坡沟系统重力侵蚀的定性分析和定量计算。

（2）将地理信息系统、Surfer 软件结合 FLAC3D 内置的 FISH 语言，编写多层复杂地形建模前处理程序，实现了对三维复杂地形模型的二次开发。

（3）以监测点位移变化趋势观测流域重力侵蚀发育情况，将小流域重力侵蚀划分为发育期、成熟期和稳定期 3 个阶段，针对流域模型不同空间部位侵蚀强度及其与所处发育时段的关系规律，在小流域水土流失综合治理的实际工作中确定重点治理区域。

（4）坡沟系统和整个流域上部位移均以"沉降"模式为主，最大位移出现在梁峁顶和梁峁坡上部，最大水平位移出现在沟坡中下部，以"剪切"模式为主。相对于其他位置，沟坡处以水平方向变形为主，表现出一些"剪切"趋势，会朝沟底方向滑动，但位移相对较小。

（5）重力侵蚀比较严重的地方多发生在梁峁顶和梁峁坡处，沟头溯源区是坡沟系统和小流域侵蚀最为强烈的部位，流域不可能发生从其中上部剪出的浅层圆弧形破坏，而是发生从坡趾剪出的深层圆弧形破坏。随着侵蚀基准面的抬升，坡沟系统的沟头溯源区位移减少十分显著，系统逐渐稳定、重力侵蚀发生程度逐渐减缓。

（6）坡沟系统和小流域的内部应力主要是由边坡岩土体自重产生的，内部土体的屈服以"压-剪"屈服模式为主，在坡沟系统侵蚀基准面抬升的情况下，主应力变化不大，最大受压屈服区的体积已明显减少；凹形边坡整体几何形态有助于降低坡底应力集中程度，减缓重力侵蚀的发生程度。

（7）坡沟系统和小流域的剪切塑性屈服区主要分布于坡面和沟坡大部分区域，张拉塑性屈服区主要分布于梁峁顶和梁峁坡上部，边坡内部并未出现塑性区贯穿坡体的情况，表明边坡都处于正常工作状态，坡沟系统侵蚀基准面抬升时，剪切塑性区域已随基准面的抬升而抬升，张拉塑性区仅在梁峁顶零星出现，塑性区体积明显减小。坡沟系统和小流域的重力侵蚀塑性屈服模式均以剪切破坏模式为主。

（8）由可靠度计算结果可以看出，流域重力侵蚀处于高破坏概率范畴之内，流域处于不可接受的风险水平，重力侵蚀程度剧烈且发生概率较高，需采取适当的工程措施以提高其稳定性。

（9）淤地坝的建设增加了流域凹形的边坡整体几何形态，减少了最大受压屈服区的体积，降低了边坡的应力集中程度，从而减少了坝址处、坝址附近区域的位移，并且将原来贯穿于坡面的浅层剪切塑性屈服区域打断，使坝址两侧剪切塑性屈服区域体积减小，在一定程度上减缓了流域重力侵蚀的破坏。

（10）坡沟系统和小流域有植被覆盖时，根系加固作用改善了浅层土体的部分应力，通过应力扩散作用传递到周围土体，起到弱化根系层应力、增强根系对土体的分担作用，减小土体的应力集中，对控制边坡的变形和提高边坡的稳定性有利，使得坡沟系统和流域的坡面浅层土体的位移明显减小，原来贯穿坡面的浅层塑性屈服区域打断，仅零星出现，未连成片，使塑性区体积显著减小，从而减缓了剪切区域的破坏程度。

（11）淤地坝的建设或植被覆盖条件均可使剪切塑性屈服区体积和张拉塑性屈服区体积有不同程度的减小，但并未改变坡沟系统和小流域进入屈服破坏的模式，重力侵蚀屈服模式依然以剪切破坏模式为主。由于工程措施和生物措施的作用机理和作用范围不同，致使不同尺度内，对重力侵蚀的减缓效果不同；在坡沟系统范围内，淤地坝的减缓重力侵蚀作用比植被强，而在小流域范围内，植被的减缓重力侵蚀作用优于淤地坝。

(12) 对于淤地坝而言，在流域关键位置进行科学、合理的坝系规划，建立好合理的坝控流域，会进一步减缓流域重力侵蚀的破坏程度，提高稳定性；而对于植被根系而言，在边坡顶部和底部适当种植合理的植被，可以改善边坡顶部的拉应力区分布范围和边坡底部的剪应力区范围，以达到减缓坡沟系统重力侵蚀的破坏程度。

参 考 文 献

程洪，张新全. 2002. 草本植物根系网固土原理的力学试验探究 [J]. 水土保持通报，22 (5)：20-23.

崔灵周，李占斌，朱永清，等. 2006. 流域侵蚀强度空间分异及动态变化模拟研究 [J]. 农业工程学报，22 (12)：17-22.

高佩玲，雷廷武，邵明安，等. 2005. 小流域土壤侵蚀及径流过程自动测量系统的实验应用 [J]. 农业工程学报，21 (10)：164-166.

高鹏，刘作新，邹桂霞. 2003. 丘陵半干旱区小流域土地资源定量化评价研究 [J]. 农业工程学报，19 (6)：298-301.

黄正荣，梁精华. 2006. 有限元强度折减法在边坡三维稳定分析中的应用 [J]. 工业建筑，36 (6)：59-64.

张宏波，姚环，林燕滨. 2008. 香根草护坡稳定性效果浅析 [J]. 土工基础，22 (1)：52-55.

张平. 2006. 抚顺西露天煤矿地质环境综合治理研究 [J]. 采矿技术，6 (3)：372-374.

赵丽兵，张宝贵，苏志珠. 2008. 草本植物根系增强土壤抗剪切强度的量化研究 [J]. 中国生态农业学报，16 (3)：718-722.

赵尚毅，郑颖人，时卫民，等. 2002. 用有限元强度折减法求边坡稳定安全系数 [J]. 岩土工程学报，24 (3)：343-346.

郑宝明，王晓，田永宏，等. 2003. 淤地坝试验研究与实践 [M]. 郑州：黄河水利出版社.

朱显谟. 1956. 黄土区土壤侵蚀的分类 [J]. 土壤学报，4 (2)：99-115.

祝玉学. 1993. 边坡可靠性分析 [M]. 北京：冶金工业出版社.

Abe K, Iwamoto M. 1988. Preliminary experiment on shear in soil layers with a large direct-shear apparatus [J]. Japanese Forestry Soc., 68 (2): 61-65.

Abe K, Ziemer R R. 1991. Effect of tree roots on a shear zone: Modeling reinforced shear strength [J]. Can. Forest Res., 21 (5): 1012-1019.

Dawson E M, Roth W H, Drescher A. 1999. Slope stability analysis by strength reduction [J]. Geotechnique, 49 (6): 835-840.

Deng W D, Zhou Q H, Yan Q R. 2007. Test and calculation of effect of plant root on slope consolidation [J]. China J. Highw. Transp., 20 (5): 7-12.

Fan C C, Su C F. 2008. Role of roots in the shear strength of root-reinforced soils with high moisture content [J]. Ecol. Eng., 33 (2): 157-166.

Gray D H, Sotir R B. 1996. Biotechnical and Soil Bioengineering, Slope Stabilization, A Practical Guide for Erosion Control [M]. New York: John Wiley & Son.

Itasca Consulting Group, Inc. 2005. FLAC3D (Fast Lagrangian Analysis of Continua in 3-Dimensions), Version 3. 0, User's Manual[M]. USA: Itasca Consulting Group, Inc.

Liu B Y, Nearing M A, Shi P J, et al. 2000. Slope length effects on soil loss for steep slopes [J]. Soil Sci. Soc. Am. J., 64 (5): 1759-1763.

Liu X P, Chen L H, Song W F. 2006. Study on the shear strength of forest root-loess [J]. Beijing Forest Univ., 28 (5): 67-72.

Mellah R, Auvinet G, Masrouri F. 2001. Stochastic finite element method applied to non-linear analysis of embankments [J]. Probabilistic Engineering Mechanics, 15 (3): 251-259.

Nachtergaele J, Poesen J, Vandekerck H L, et al. 2001. Testing the ephemeral gully erosion model for two mediter ranean environment [J]. Earth Surface Process and Landforms, 26: 17-30.

Nearing MA, Norton LD, Bulgakov DA, et al. 1997. Hydraulics and erosion in eroding rills [J]. Water Resources Research, 33 (4): 865-876.

Nilaweera N S. 1994. Effects of tree roots on slope stability: the case of Khao Luang Mountain area, Thailand [M]. Bangkok: Asian Institute of Technology.

Williams J R, Berndt H D. 1997. Sediment yield prediction based on watershed hydrology [J]. Transaction of the ASAE, 20 (6): 1100-1104.

Wu T H, Beal P E, Lan C. 1988. In-situ shear test of soil-root systems [J]. Journal of Geotechnical Engineering, (14): 1376-1394.

Wu T H, Mckinnell W P, Swanston D N. 1979. Strength of tree roots and landslides on Prince of Wales Island, Alaska [J]. Canadian Geotechnical Journa, (1): 19-33.

Zhang C B, Chen L H, Liu Y P, et al. 2010. Triaxial compression test of soil-root composites to evaluate influence of roots on soil shear strength [J]. Ecological Engineering, 36 (3): 19-26.

Zienkiewicz O C, Humpeson C, Lewis R W. 1975. Associated and Nonassociated Visco-Plasticity in Soil Mechanics [J]. Geotechnique, 25 (4): 671-689.

后 记

随着社会的发展与进步，关于坡面水蚀过程和重力侵蚀的研究日益受到学术界和社会公众的普遍关注。通过上述研究，虽取得了一些阶段性成果，但坡面降雨侵蚀产沙与重力侵蚀涉及的问题众多，还有许多不够完善、不够深入之处，还需要开展进一步研究。

（1）由于试验条件所限，试验仅局限于一种草被的坡面降雨试验，还应进行不同植被的坡沟系统模拟降雨侵蚀产沙试验，并需结合水蚀动力学进行分析；以完善试验结论。

（2）黄土高原丘陵区大部分地区以重力侵蚀和水蚀为主，在文中仅对重力侵蚀和单一淤地坝进行数值模拟，没有考虑空间水面线对重力侵蚀的影响，在接下来的研究工作中，需要完善重力侵蚀模型，建立多个淤地坝的流域重力侵蚀模型，开展地下水和降雨径流对重力侵蚀影响的研究，并需结合野外重力侵蚀实地观测，使模型得到更好的印证。

（3）植被根系的固土护坡作用本身就是一把"双刃剑"，一方面，植被通过根系的加筋作用增强土体强度，另一方面却又改善下垫面的土体环境，增加下渗能力，使土体失稳，再者植物的存在增加了水分的蒸发，增加土体的稳定，所以植被固土护坡作用原理尚不完善，有许多需要改进的地方；本研究仅选取草类植被根系的强度指标平均值进行模拟，在下一阶段的研究中，需要对植物固坡模型加以完善，探寻更适合黄土高原的力学模型，并且增加其他类型植被根系的减缓重力侵蚀作用研究。